小预算，大改动

神奇空间改造法

林良穗 著

云南出版集团

云南美术出版社

平面图是室内设计的命脉

我与良穗的结缘，是因为我跟她先生都是扶轮社社员，进而开始熟识。当时她给我的印象是很热心、真诚。后来常常不期而遇，发现她为人踏实，做事兢兢业业。她在室内设计业界工作二十多年，是早期少见的会做设计又会跑工地，并蹲在每个工种师傅旁边问东问西的女性设计师，对每个经手的案子及环节都秉持着执着、用心、努力、认真的态度，而且善于沟通，因此客户往往给予很高的评价。重要的是，她在设计及监工过程中所做的记录，更是教材的标准，因此我常常催促她把工作心得结集成书。

终于，在前年，她出了第一本有关施工方法的书——《从设计到现场·一流施工工艺圣经》，我马上推荐给昆山科技大学空间设计系毕业班的同学们，让他们人手一本，因为这是目前市面上少有的针对室内装修工程的细节及流程的书，以深入浅出的方式，分门别类地讲述得十分详尽，即使再小的施工过程会遇到的情况及如何解决，都可以在书中找到。对于有心想从事室内设计的学生或新手设计师来说，是十分珍贵又务实的教科书。

没想到百忙之中的她，能在今年再推出一本《小预算，大改动·神奇空间改造法》，算是效率很高，跟她的室内设计作品一样——快速、好用又有效率。

平面图，一直是空间设计的基础。但可惜的是，很多学校多半没有专门教授这样一个课程，通常只用电脑软件拉一拉线条的简易平面图或用模组建构出来的精美 3D 立体空间图，但是每每被问到为何要这样设计时，例如：客厅的电视墙与沙发的关系？厨房及浴室里的设备为何要这样安排？是受限于管路、动线？或是能大大减少使用者的清理时间？却没有人可以清楚地解释出来，十分可惜！

因此，我强烈推荐良穗的这本室内平面图的练习书，凭借她在室内设计界二十多年的实操功力，从平面图绘制的基本功开始，如何计算合理的空间尺度及动线规划？空间设备与家具、软装及灯光如何安排及配置？本书涵盖全面，更重要的是能从其中窥视良穗如何思考一个空间中各种动线的可能性，而非我们平时习惯的单一性地填入，并通过共享空间概念的灵活应用，突破平面图的空间限制。能学习到其中的精髓，对室内设计这门课才算是真真正正地入门了！

　　因为，一张设计规划得宜的平面图，才能规划出人性化空间及良好的动线，让人居住起来更舒适，接下来的立面发展，也才不容易有发生差异的情况。同时，我也期待良穗的第三本书，快快问世！

学历
昆山科技大学建筑环境设计硕士
成功大学企研所

经历
辉轩室内装修国际兴业有限公司
台南市室内设计装修商业同业公会理事长

空间想象，无限！

创作上一本书《从设计到现场·一流施工工艺圣经》的过程中，脑海里总是不断有声音催促我再出一本有关平面图规划的书，分享我这十多年来为客户们规划的空间平配图，无论是长形屋、方形屋或是不规则屋型，我们怎么思考，怎么配置，怎么破除限制，为客户找到最好的空间解决方案。

最主要的原因，在于这几年来，我看到国内外所举办的空间设计奖项，都没有对"平面设计图"的评选，只有上传好看的空间照片而已，实在可惜。再加上室内设计专业课程教育少，使得有心从事这个行业的学生缺乏对平面图绘制的实际经验，对生活空间的实际经历及观察体验也过少，导致规划的平面图，实用性很低且错误率高。因此，我萌生想要出一本以实战经验为主的平面规划书籍的念头，让许多对室内设计有兴趣的学生或新手设计师有依据可以参考及学习。因为，我十分强调：没有扎实的平面图基础，再怎么美丽的空间都是一个空壳。

不同于市场上多只有单一规划或已完工的空间配置书籍，我们这次大胆地收录了每个案例的所有平面规划图，让读者能清楚地看到整个设计的脉络及想法。同时，回归做室内设计的宗旨："格局改造是为了创造更舒适的生活。"基于这样的立场，我每到一个案例的现场，除了实际丈量，掌握科学数据外，更重要的是通过观察了解原本的室内条件，例如通风、光线、隔间等等，再综合考虑屋主的需求及对未来的期望，以设计师的专业角度，为其创造舒适的未来生活。

虽然对屋主来说预算是重点，但是如果不用花太多钱，或只要改动一个隔间就可以让生活更美好，相信很多屋主都会接受我的提案。因此我在规划平面图时，会提供三个提案：一个屋主想象的空间，一个不会超过预算太多的空间，以及一个完全打破想象的空间规划。甚至还有不少案例，完全打破原始空间配置，以 360 度旋转的思考角度去尝试规划居住者的使用、空间中动线及视野效果。这样的思考逻辑训练久了，我一进入到空间，还没有丈量，头脑里就会自动跳出很多空间配置的可能，然后再一一绘制到纸上，为居住者提供更多对未来生活的想象力及可行性。

所以，我会建议年轻的设计师们，想象力不要被现有的隔间局限，不要被预算限制，多多亲身尝试各种空间的体验，并思考多个空间的可能性，与屋主一起选出最适合的居住环境，才是真正落实"设计"这件事！

Part 1

格局改造是为了让生活更舒适

1-1　观察！寻找影响格局的重要原因
通风、光线、格局是决定是否购买房子最重要的因素

1-2　舒适的条件
分析空间组成的尺寸与隐藏原因

Part 2

格局改造 GO！
自转 + 公转的格局改造术

2-1　户型大分析
改造前必须先了解建筑物的户型特征，才能掌握改造格局的入手关键，
用设计去克服建筑的缺点。

注意！格局变动必学的 4 大专业知识
格局常常越改错越多，尤其厨房、卫浴更是不能随便大动；有 4 个重要的注意事项
必须在设计前学清楚，这也是布局的定海神针。

2-2　自转 + 公转的格局改造术

运用 90°~360°绕行改造户型

2-3　一种空间＋多种平面提案

Part 3

现场解救！
没有改不了的空间

Part 1

格局改造
是为了让生活更舒适

在找房子或买房子时，即便顾及了屋龄、地段、建筑结构、环境功能、社区管理、光线格局等等，即使已经看过几次房，真正要居住时，才会发现因为每个人对于生活需求的不同而产生的使用上的困难。其实没有一间房子能完完全全符合家中所有成员的需求，多多少少要变动一下格局，才能为这个"家"带来更舒适的生活空间。因此身为专业设计师的你，在协助屋主规划空间格局及配置时，到底有哪些地方要注意呢？

即便方正格局或室内隔间符合屋主的需求，但眼睛看到的印象和实际开始安排家具时，绝对是天差地别。考虑到居住者的使用习惯，或多或少都会做些调整，先看是否符合需求，然后依据需求规划，最后才来看预算，这是专业设计师的思考流程，与屋主多半都先考虑预算有很大的不同，因此在提报设计图时，必须花时间及心力沟通，并且多想几个平面配置方案。

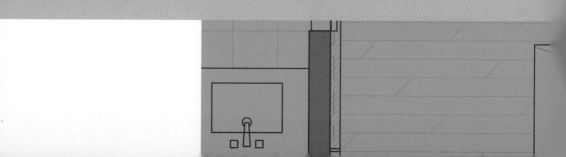

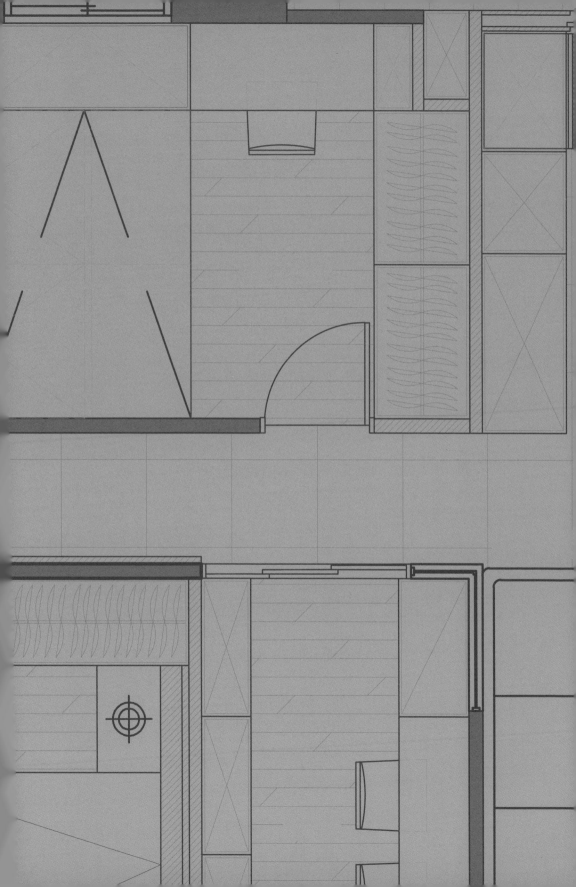

1-1 观察！寻找影响格局的重要原因
通风、光线、格局是决定是否购买房子最重要的因素

影响房子格局最重要的一个因素就是房型。一般房屋无论是外墙还是内部的房间，最好的是方正无缺，因为在规划上比较容易搭配，也不容易产生浪费空间的地方。

第一步：观察室内条件

俗话说："一开始就做对，可以节省不少变更方法的时间；一开始就做对，可使行事从容有余裕。"同样的，在规划格局时，一开始跟房子面对面地亲密接触——丈量，就扮演着很重要的角色，这也是平面配置的正确信息来源。

step 1. 现场丈量的关键动作

一进门，由左下或右下角开始，按顺时针或是逆时针方向进行测量，直到每个空间都各自可闭合。多半会从公共空间开始，再到各个房间做测量，最后是厨房、卫浴和前、后阳台。

step 2. 标准标示

① 所有的切断点、转折点都要测量
② 门框、窗框、冷气孔的分界点及宽度、高度要量。
③ 天花板高度及楼地板到梁的高度都要量，并实际标示出梁的走向。
④ 在图上标示开关箱、插座开关、水龙头开关的位置。

step 3. 特殊标示

若是二手房或老房子，则在丈量时最好标示出可见的漏水、壁癌位置，以及是否有摆设和固定物、旧设备家具是留下还是舍弃、给水及排水管路是否正常、所有空间的供电是否正常、楼地板或墙面有无空心或歪斜，等等。

通过丈量找出住宅的"比例"

单套房的房型（一房一厅）或两室房型的长宽的比例最好是方正形（1：1），或是黄金比例（东西4：南北6），这类型设计规划最容易着手。

若是长宽比例是7：3或8：2的房型，就被称为长形屋了，在规划上会比较花费心力。

另外，房子的室内高度也是在规划格局时必须留意的地方，一般房子最佳楼地板高度为280～320厘米，若梁下低于220～240厘米，容易产生压迫感。如果挑高360～420厘米，就要考虑在法规上能否做二次装修，否则规划完又被拆除是很不划算的事情。

协助屋主挑房子的专业技巧

做设计最有趣的事情，就是跟屋主成为好朋友，因此当他们有机会再采购另一间房子时，便会希望通过设计师的专业，寻找"避开麻烦"的好房子，在此分享我的经验，挑房子主要分为外在环境及内在环境：

①**外在环境：** 与居住的生活功能大有关系，如距离地铁的远近、附近有无明星学区、公园绿地、生活设施是否完善；其次就是要避开高压电、变电箱、庙宇、垃圾场、基地台、殡仪馆等设施。

②**内在环境：** 又分为社区环境及室内空间两部分，社区环境主要指该栋社区大楼的内部情况，如公共设施占比高不高，公共设施使用情况是否良好、有无定期维修，楼梯及电梯干净与否，一层户数多少，挑高等。

至于室内环境，方位朝南为佳，要考虑通风与光线、与隔壁建筑有没有一定的距离、梁柱位置、视野情况等等。

③**取得原始平面图：** 现场丈量前最好先取得原始平面图，建筑公司、物业都可以提供。现场丈量时最好屋主能在现场陪同，在丈量的同时可以跟屋主多谈谈对空间及未来生活的想象，有助于在做平面配置时的创意设想。

第二步：整理使用需求

原始平面图成形后，接下来是依照屋主提供的需求来规划空间。

屋主需求

空间格局的规划跟家庭成员人口及居住习惯息息相关，常见的 3 房 2 厅，若是单身或小家庭，隔间可以减少，有长者或小孩可特别规划老人房和儿童房，还有宠物的活动空间都可考虑进去。

或是针对居住习惯，例如喜欢跟朋友一起在家里聚会，就需要较大的公共领域容纳宾客；是否需要特殊嗜好的空间规划，如阅读或品酒；格局动线是否流畅；是否习惯收藏鞋子、包包或拥有大量衣物；然后一一列出各个空间所需的功能和设计，让家更符合实际的居住需求。

专业设计师应该设计一个简单的屋主需求表，在与屋主就原始平面图沟通时，可以让屋主填入，以方便在未来规划平面配置图时有所依据。

项目	需求
◆家庭成员	□单身——1 人，公私领域开放或封闭 □新婚——2 人，公私领域开放或封闭 □小家庭——○3 人 ○4 人 ○5 人 （小孩为__人，男生或女生，分别为 ○婴幼童 ○儿童 ○青少年 ○青年） □三代同堂——祖父母健康状况是否需要用人照顾，是否需要无障碍空间设计 □预计未来 5 年内是否有成员变化：

项目	需求
◆居住习惯（依空间分类）	
玄关	○衣帽间 ○鞋柜 ○穿鞋椅 ○全身镜 ○抽屉柜 ○藏品展示 ○隔屏
客厅 □开放式设计 □半开放式设计	○最多容纳人数 ___ 人 ○视听设备 ○影音机柜 ○日常收纳 ○吧台 ○藏品展示
餐厅 □开放式设计 □半开放式设计	○最多容纳人数 ___ 人 ○中岛 ○餐边柜 ○电器柜 ○茶水柜 ○餐具柜 ○零食柜 ○吧台 ○藏品展示 ○冰箱
厨房 □密闭式设计 □开放式设计 □半开放式设计	形式：○中岛吧台○一字形厨具 ○L 字形厨具 ○U 字形厨具 ○∏字形厨具 下厨频率：○轻食区 ○热炒区 设备：○电器柜 ○茶水柜 ○餐瓷碗筷 ○锅具 ○调味品 ○料理用具 ○清洁用品 ○零食柜 ○冰箱
卧室 □主卧 □小孩房	○衣物量 ○化妆台 ○更衣室 ○展示空间 ○视听设备 ○书籍杂志 ○书桌 ○书房 ○卫浴 ○其他收纳：
老人房	○书籍杂志 ○藏品展示 ○视听设备 ○收纳量体 ○书桌 ○卫浴 ○衣物量
书房 □密闭式设计 □开放式设计 □半开放式设计	○多功能设计 ○书籍杂志 ○视听设备 ○电脑网络 ○收纳量体 ○藏品展示 ○开放式设计
卫浴	○干湿分离 ○泡澡浴缸 ○清洁用品 ○换洗衣物 ○洗衣晒衣 ○化妆镜 ○吹风机、除雾镜等插头 ○储藏间 ○杂物收纳盒 ○五合一多功能浴室暖风机
其他	

1-2 舒适的条件
分析空间组成的尺寸与隐藏原因

为什么有的房子一进去就感觉很舒服？为什么有些房子进去待不到一分钟就想走？答案很简单，就是"比例对不对"的问题。

空间感 VS 舒适性

在确认光线及通风后，就要开始格局的规划。而格局，就是一连串数字组成适合这个居住者空间的尺度，"舒适感"也会油然而生。

人的尺寸

当然，这个尺寸的前提是要以居住者的身材为准，中国台湾目前男女的平均身高为：男 174.5 厘米，女 161.5 厘米。所以，在规划空间平面配置时要掌握好尺寸，才能规划出让人满意的空间感。

（真实数据要依居住者的实际高度及身材为准，以上所提供的为参考值。）

客厅的组成条件

　　到底要长宽各多少的客厅才会让人感觉舒适？其实并没有准则，以我的习惯，会先拆解空间里的元素。例如，以客厅来说，一般居家配置会有沙发、放置电视的电视墙、茶几（依个人需要），在扣除应有的家具和合理的动线后（例如行走路宽度最好在 90 厘米左右，含行走及蹲下开电视收纳柜抽屉），可以发现一般客厅宽度不小于 300 厘米比较适合。

面积应该超过 9.9 平方米

　　室内高度平均在 300 厘米的话，客厅深度最好超过 300 厘米，电视墙面宽度在 3.2 ～ 3.3 米或 4 ～ 4.5 米；除非是更小面积，深度才会安排在 270 厘米左右，也就是说，客厅面积最好超过 9.9 平方米以上，若低于这个面积感觉是不舒服的。

　　当然，还是要看整体空间比例，基本上公共空间与私密空间比例最佳应为 1：1。

沙发长度：墙面 = 3:4

　　公共空间里的沙发，不只担任生活重心，也有定位空间的功能，因此在规划全新布局时，"定位客厅"是开始的第一步，而沙发尺寸就是决定落点的要素。单人、双人及三人，长度大致分别为 100 厘米、180 厘米、240 厘米，深度多为 80 ～ 90 厘米，想要让客厅看起来很舒适，建议沙发长度与沙发背墙为 3 ： 4 比例，才不会太过拥挤。

　　另外，茶几到沙发间最好留出 30 ～ 40 厘米的通道，才不会让空间显得局促，也避免走路时容易撞到。沙发靠背高度最好在 80 ～ 95 厘米，才可以将头完全放在靠背上，让颈部得到充分放松。

电视柜长度：电视 长度 = 3:2

　　超薄液晶电视解决了电视柜的深度问题，所以下一个绝对关键点主要在电视机的尺寸及高度，建议先量出沙发与电视墙的距离，再来挑选电视尺寸，才能得到最佳画质。

计算方式

电视观看距离（厘米）÷2.5 倍（得出电视对角线）÷2.54（将厘米换算为寸）= 适合选购的电视寸数

例如沙发到电视距离为 350 厘米，套用公式可得 350÷2.5÷2.54 = 55.12，可知最适合的电视尺寸为 55 寸，可作为选购电视的参考值。

在高度方面，一般人坐沙发时视线高度约 75 ～ 90 厘米，建议以此高度向下约 45 度角，即电视的高度中心点，若为壁挂式，电视底部离地距离建议：60 寸为 36 ～ 66 厘米、50 寸为 44 ～ 74 厘米、42 寸为 42.5 ～ 72.5 厘米。

当电视机定位后，在视觉上，电视柜要比电视长三分之二为宜。若是要做一体成形的电视柜墙，建议下柜体深度至少保持 50 厘米放置其他视听设备，上柜则可视需求规划，如需摆放 CD 或书籍最少留 30 ～ 40 厘米。

通道

要留多宽的行进动线并没有强制规定，不过以电视柜的设计规划，不但要能走动，还要有能蹲下操作机柜的空间，从茶几至电视柜建议最好留出最短距离超过 90~120 厘米以上的动线。

· 沙发到茶几通道：30 ～ 40 厘米。

· 茶几大小及高度：茶几大小视沙发大小而定，但建议不要选太大，才能留出活动空间，高度一定要有 40 ～ 45 厘米，这样即便坐着的时候，也能很方便地取到桌上的东西。

· 挂画比例：可按黄金比例，墙面高度和宽度各乘以 0.618，以此算出装饰画尺寸。

· 电视柜屏风尺寸：若是客厅通过电视柜与其他空间相连的开放式设计，则电视柜体的高度以超过 150 厘米为佳，柜体深度则必须视使用机型而定，不宜超过 50 厘米，至于长度则必须视空间比例而定。

· 客厅卧榻尺寸：依人体工学，建议座椅高度 40 ～ 45 厘米，深度为 50 厘米（或依需求决定），如果空间许可，还可以加大到 90 厘米，充当临时床。卧榻下方还可设计收纳柜。

餐厅的组成条件

市区住宅空间有限，餐厅与客厅多半规划为开放空间，仅以家具或屏风区隔，甚至有的空间仅运用厨房与客厅中间位置设计中岛来取代餐厅，因此要列出餐厅实际空间尺寸，只能就"功能"做逐步推算。

餐厅面积

若需要摆放 4 人的长桌，餐厅最少要超过 3.3 平方米。但实际情况，餐厅不单单只有餐桌椅，还包括餐厨柜，因此面积也往往大于 3.3 平方米。

餐桌与使用人数

要确定餐厅的舒适尺寸，建议先从餐桌下手。

餐桌最小宽度应为 75 ～ 106 厘米，因为一人最小用餐宽度为 61 厘米，最佳用餐宽度为 76 厘米。

餐桌的大小必须视在家用餐人数而定，通常以 4 人及 6 人占大多数。4 人长桌的尺寸 (宽)80 ～ 90 厘米 X(长)120 ～ 150 厘米，6 人桌则 (宽)80 ～ 90 厘米 X(长)150 ～ 180 厘米左右，圆桌以直径计算，从 50 ～ 180 厘米 (10 人桌) 都有。

餐桌高度多半为 75 ～ 79 厘米左右。但由于现代人多以轻食或西方料理方式为主，或是家中有学龄前儿童，因此在设计餐桌时可能会再低矮一点，大约在 68 ～ 72 厘米。

如果家里人口不多，可以选购可伸缩的餐桌，平时占面积很少，朋友来时再打开，非常实用。

餐椅高度

受到各种风格影响，餐椅的形式在这几年变化很多，除了一般的高椅背餐椅外，还流行长凳形式，但无论是什么样式，椅面高度在 45 厘米左右，宽度应介于 42 ～ 46 厘米、深度应介于 45 ～ 61 厘米最适合东方人的人体工学。此外，选购餐椅时，也应一同考虑餐桌与椅面之间的落差，最适当的高度建议为 19 厘米。

座位后的空间　　　　　餐桌与墙之间的距离，建议至少在 70～80 厘米以上，保留人可以拉出餐椅、入座的最小宽度。但若是通往厨房或客厅等主要通道，建议还是留出 120～130 厘米以上比较舒适且安全。

其他　　　　　· 餐橱柜尺寸：考虑到各种电器设备，建议柜体深度大约 45～60 厘米，才能符合需求，而且考虑橱柜门片开启的宽度，有橱柜的走道深度最好超过 120 厘米为佳。

　　　　　· 吊灯和桌面距离：最佳距离是 75～85 厘米。这样的距离才能使桌面得到完整、均匀的光照效果，而且也不会使空间感觉压抑。

厨房的组成条件

　　由于现代人用餐习惯渐渐改变，密闭式厨房设计愈来愈少了，大部分设计都会将餐厅及厨房结合在一起，让使用空间更具弹性。想要粗略估计厨房的大小，主要看两个地方：一个重点是炉具、流理台及水槽的位置安排，另一个重点是冰箱的位置。

厨房总面积　　　　　可依照空间条件与烹调习惯考虑使用流程，来决定使用者适合的厨房形式。基本上，一字形厨房适合 3.3～6.6 平方米狭长形空间，具有动线规划简单的优点。若在 6.6 平方米以上，则可以设计的厨房形式更多，有长形双壁面空间及 L 字形厨具，可增加料理时的流畅与储物空间。

　　　　　U 字形及中岛型厨房，则建议超过 6.5 平方米的开放式空间使用，能同时拥有厨房与吧台的完美功能。

流理台尺寸

　　水槽或炉具的工作区宽度最少也要有 101 厘米，深度 60 厘米，流理台高度有 80 ～ 90 厘米（依身高而定），才方便摆放洗好的食材、切菜的砧板及切好准备下锅的材料等。

　　身高 150 ～ 160 厘米的人适合高度为 80 ～ 85 厘米
　　身高 170 厘米以上的人适合高度为 90 厘米

　　水槽旁的台面，最常被当作碗盘沥干区，所以宽度至少要能容纳碗盘架，以便摆放洗好的碗盘。碗盘架宽度 40 ～ 60 厘米的情况下，流理台就要有 80 ～ 90 厘米。

水槽 + 炉具 + 冰箱

①不锈钢水槽的价格是根据尺寸大小而定的。可以根据自己的生活习惯以及所预留的厨房台面大小来选择单槽、双槽。常用的水槽尺寸大概有 80 厘米 ×45 厘米、92 厘米 ×46 厘米、80 厘米 ×46 厘米、97 厘米 ×48 厘米、103 厘米 ×50 厘米、81 厘米 ×47 厘米、88 厘米 ×48 厘米等等。

②瓦斯炉宽度一般约 70 ～ 80 厘米，抽油烟机宽度则为 60 ～ 90 厘米，在配置上会以"抽油烟机大于瓦斯炉"为原则，例如 80 厘米的瓦斯炉配 90 厘米的抽油烟机。瓦斯炉距离抽油烟机的高度，必须考虑抽油烟机的吸力强弱，一般来说至少要有约 65 ～ 70 厘米的距离，越高吸力越差。

③冰箱的位置：我十分重视冰箱的位置，一般冰箱尺寸跟容量有关，一般四口之家的冰箱以 400 ～ 500L 为主，常见尺寸约为高度 180 厘米、宽度为 60 ～ 69 厘米、深度为 65 ～ 71 厘米，通常都安装在厨房附近。我会选择靠近水槽的位置，方便从冰箱取出食材后直接清洗。要特别注意的是冰箱的开门方向，应该以不挡住动线为宜。举例来说，水槽若在冰箱的左侧，冰箱则选右开门，而不宜选左开门，否则拿取食材后还要先关上门，才能把食物放到台面上。至于冰箱前面的工作区，宽度以 91 厘米为佳。

电器柜尺寸　　　　　　　一般电锅的高度多为 20 ～ 25 厘米，深度为 25 厘米左右；而微波炉和小烤箱的体积较大，高度约在 22 ～ 30 厘米，深度约 40 厘米，宽度则在 22 ～ 30 厘米不等。同时需考虑后方的散热空间，柜体深度至少有 45 厘米为佳。用电的小家电高度则建议不超过肩膀，以免导致拿取时发生危险。

动线尺寸　　　　　　　无论是一字形厨房还是中岛型厨房，与中岛之间的距离都要有 90 ～ 130 厘米，能提供两人同时使用为佳。

卧室的组成条件

　　床是卧室配置的重点，有时会受到一些限制，例如床尽量不要在梁下，也尽量不要对着窗及门等。其他项目的配置还算简单，以书桌（或化妆台）及衣柜为主，不过也有一些数据尺寸必须了解。

卧室面积　　　　　　　以一般空间配置，适合居住的卧室面积，最小也要 6.6 ～ 9.9 平方米，这样才放得下单人床；若是含有卫浴的主卧，最适合的面积是 16.5 ～ 19.8 平方米为佳，方便配置双人床。如果是小于 6.6 平方米的房间，建议改为架高卧榻设计。

床的尺寸　　　　　　　除非是空间真的太小，床组需要订制，否则多半是购买成品。但不管是哪一种床，床的边缘至衣柜或是走道的宽度，建议留出大约 90 厘米左右，衣柜的门才能完全打开，方便取物。

中国台湾最常见 5 种床垫尺寸	床垫的宽 x 长（尺）	床垫的宽 x 长（厘米）
3 尺 （传统的单人床，目前已较少）	3 尺 x 6.2 尺	91 厘米 x 188 厘米
3.5 尺 （标准单人床，现在的单人床几乎都是这种尺寸）	3.5 尺 x 6.2 尺	106 厘米 x 188 厘米
5 尺 （标准双人床）	5 尺 x 6.2 尺	152 厘米 x 188 厘米
6 尺 （加大双人床，称为 Queen size）	6 尺 x 6.2 尺	182 厘米 x 188 厘米
7 尺 （特大双人床，称为 King size）	6 尺 x 7 尺	182 厘米 x 212 厘米

化妆台或书桌尺寸　　理想的化妆台（或书桌）长度约为 80 ～ 130 厘米，而宽度或深度则以 40 厘米为佳。不过实际的化妆台（或书桌）尺寸还是应该根据使用者的个人需要来设计。如果想要在化妆台（或书桌）加设抽屉或者推拉收纳架的话，那么桌子就不能太浅，深度应该至少有 40 ～ 45 厘米左右。高度以 72 ～ 75 厘米为佳，要视使用者身高决定。

衣柜高度　　衣柜的长度要视空间而定，但深度大约 50 ～ 60 厘米为主，而且很多人喜欢收纳空间大的，顶天立地的衣柜不仅时下流行，而且非常实用。按照 270 厘米的平均层高计算，240 厘米的衣柜高度为最佳。这个尺寸的衣柜里不仅能放一些长尺寸的衣物（160 厘米），还能在上部留出放换季衣物的空间（80 厘米）。

浴室的组成条件

浴室空间可以说最常被忽略，但其实很重要。卫浴空间必要设备为马桶、淋浴间及洗脸槽，其他视空间实际大小确定是否能设计进去。

浴室总面积

浴室至少是 180 厘米 ×180 厘米或 150 厘米 ×210 厘米才能放得下所有卫浴设备

· 马桶最小尺寸：37 厘米 ×75 厘米（小便盆则为 35 厘米 ×60 厘米），洗脸盆 55 厘米 ×41 厘米，但实际上，这两个尺寸的面积非常接近。

· 淋浴间的面积：230 厘米 ×80 厘米

浴缸尺寸

现代卫浴空间多半采用干湿分离的设计，要再规划浴缸的泡澡区，因为目前现有的浴缸尺寸一般有三种：长 122 厘米、152 厘米、168 厘米，宽 72 厘米，高 45 厘米，所以空间最少要有 6 平方米以上。

卫浴动线宽度

卫生间有两个门：一个是进出卫生间的门，一个是进出淋浴间的门，因此在规划上，卫生间门的尺寸一般是 200 厘米 ×85 厘米，宽最小不小于 75 厘米。如果门宽小于 70 厘米，进出就很困难了，小于 60 厘米的话，连浴室柜都进不去。如果设计的是单侧的拉门，则最少要有 65 厘米。另外，如果考虑未来有无障碍的需求，则建议门最好还是留有 90 厘米以上，轮椅才能进出方便。

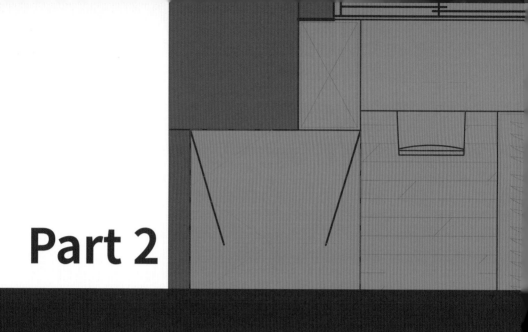

Part 2

格局改造 GO！
自转 + 公转的格局改造术

哪些户型必须靠"拆除"来调整格局？哪些户型屋况只要靠"修饰"，格局就能变得最完整大气？其实，秘密全都藏在四大细节中，只要了解了各个空间应该有的生活尺度，并掌握建筑与人性需求的原则，就能创造出舒适的空间感，满足实际使用。

本书中所讨论的改造，是以"业主需求"为导向的设计规划，加上预算上的考虑，一个空间格局是否需要改动？是大变动或是只改一面墙即可？改造后会不会造成未来工程的隐患？看懂了关键，改造格局轻而易举。

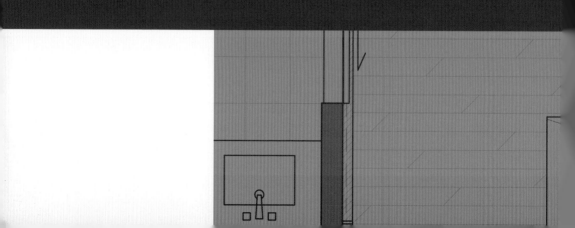

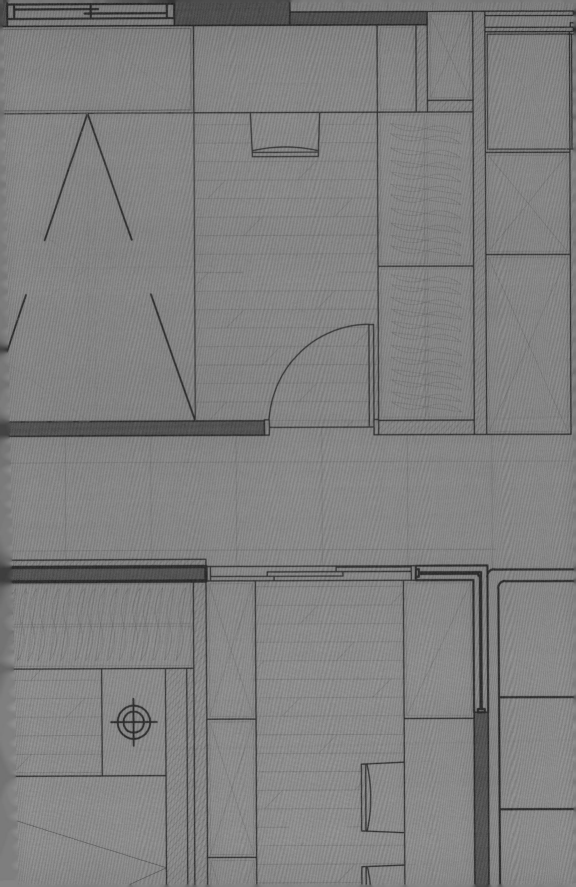

2-1
戶型大分析

改造前必须先了解建筑物的户型特征，才能掌握改造格局的入手关键，用设计去克服建筑的缺点。

建筑的内部逻辑

翻开每个案例的格局平面图，初步一看，每个空间都不一样，但若仔细去分析，很多集合式住宅的建筑平面配置法则都大同小异，只是尺寸和空间排列细节有些差异，因为建筑物各有其年代的特征，很容易整理出逻辑。

观察特性

设计师最终的目的是要在满足屋主需求的前提下克服各种问题，设计初期先要观察建筑内部的优点和缺点，例如，公共空间是连接在一起还是分开的？私密空间排列造成长走道还是以餐厅为交汇中心？厨房靠近哪里？卫浴与卧室之间的关系是什么？如何区分哪个房间适合当作主卧或客卧？书房或弹性空间能够替空间增加多少优势？

信息收集完成后，先了解一下常见的户型。

狭长形

光线和通风的顺畅程度是决定新布局是否高明的第一要素。

此类型建筑物大多是超过 30 年以上的老式住宅，采取的是"连栋"的建造方式，真正的光线面只有前后两端的阳台，有些建筑设有天井，才有机会多一点光线面。

狭长屋的结构大致可分成两种：

① 大门开在建筑物的最前端，动线是从前端阳台进入室内。

② 大门开设在住宅的中段，通常内部有天井或设有电梯。

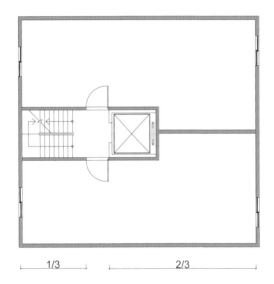

1/3　　　　2/3　　　　　　有天井或电梯，大门开在建筑中段

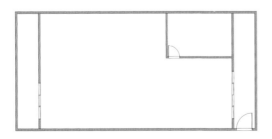

大门开在最前段，由阳台进入室内

偏正方形

因为只有两个采光面，餐厅、厨房都常常设在门口，违反了餐厅应该藏在内部的传统格局，这是因为近代的住宅，电梯与楼梯并存，加上建筑工法的改变与面积缩减，建筑物可能采用四拼或是六拼的盖法，整个屋型就会比较偏方形。

此类型住宅会有的特征是：

① 至少会分成前后两栋，一组向马路、一组向后院。

② 略小的面积大都是两房两厅，户数愈多，采光面就愈少，通常也仅有两面采光。

③ 更小面积的建筑常常只有一面采光，甚至有的户型唯一的采光面都不在客厅。

④ 有些与邻栋的栋距非常接近，近到窗户也没有日光照入。

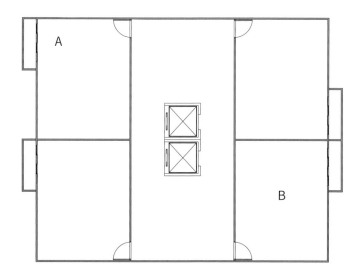

一进门就是餐厅，厨房在旁边，几乎可以说是并排在玄关边。大门开在最边缘，不会开在中间，A 室客厅会邻近阳台，B 室客厅会在中间（建筑设计中切割出了太多户数），唯一的阳台必须兼具晒衣功能，不会奢侈到把阳台当作客厅的景观区。

注意！
格局变动必学的 4 大专业知识

格局常常越改错越多，尤其厨房、卫浴更是不能随便大动，在变动前有 4 个重要的注意事项，必须在设计前学清楚，这也是布局的定海神针。

家庭需求导向的改造

平面配置绝对是舒适住宅的灵魂，是所有设计师的第一课，年轻设计师格局改得不理想的原因大都是看得不够多，对空间感的熟悉度不够，对客户了解不够；绝大部分设计师所面对的消费者，都是以生活需求为主要导向的家庭，我们必须明白，这些家庭的特征是"活的"——因为人口数会变动、生活中会一直累积各种物件等等。

专业(1)
成员 vs 隔间需求

"结合生活情况"来做设计是基本要求，但是拥有舒适的空间感，以及厘清墙面的意义是很重要的。墙面不只是区隔，很多设计师不知道墙面还会引导通风的方向，隔间不只是"隔"，更是"推"和"引"。

接下来的需求是"收纳"，在计划收纳橱柜之前，要先确定的是家具的整体分布，不能东一件西一件。

最后是面积与需求之间的关系，并非所有 3 房 2 厅的制式格局都符合需求，例如：两口之家用 4 房的格局，房间就太多，但四口之家买到 2 房的格局，房间就不够了；一家 5 个人就可能必须要有 4 房。若是才 66 平方米的房子硬是要隔出 4 房就有困难，而且居住起来也不舒服。

Ⅰ.请参照 PART Ⅰ的空间的生活极限值

Ⅱ.房间从"少变多"，就要利用墙

我会采取中间拆墙做成双面衣柜的方式，还有利用柜门开的位置和高度，这都是针对一间大房要变成两房，错开互相借用正反面。

建筑物的限制

受限于建筑法规，大门和厨房、卫浴不能随意变动，大门要经过复杂的建筑申请，而厨房、卫浴要避免日后漏水。

**专业(2)
大门的位置**

也就是说，"大门的位置"这个不可变更的因素，已经限制了格局变动的第一步。

大门是入口也是起始点，会影响整个建筑领域的平衡感，更是决定功能好不好用的第一元素。如果设计得好，还会产生延伸感。不管是门开在最前端还是中间段，首先受影响的是客厅的地位，例如：

Ⅰ.大门开在前端、从阳台进入室内的长形屋

因为动线几乎限定了客厅和前端的卧室，室内布局几乎是固定位置的，能变动的区域不多。

Ⅱ . 大门从中段进入的长形屋

可能会有天井，楼梯位于前方，也可以说是现在的双并，大门位置大约将建筑等分成前后两部分，客厅可能会位于比较靠中间的位置，最明显的缺点是较难设置独立玄关区。

Ⅲ . 有电梯的长形屋，门也是从中段进入

这类住宅大门开在中段偏靠前端的位置，大约在建筑物的 1/3 处，常常会导致客厅的主墙太短。

Ⅳ . 方形的房子大门都开在边缘

这类房子大都只有两面采光，因为采光面一定要给客厅，所以一进门就是餐厅或是紧邻厨房；而只有一面采光的长方形小户型住宅，大门一般开在短边的边缘或中段，一进门就面对"左厕所、右厨房"（小流理台）的情况。

请先观察住宅是否有以下的情况（Ⅰ）：

☐大门是位于整个空间的前端、侧边还是中间位置？

☐大门进出方式是否有转折？

☐是否会经过阳台或其他空间？

☐整个空间格局是否被大门切割成东西两侧的公私领域？

专业(3)
厨房及卫浴

越接近用水处，就越要同时考虑家务动线与排水的物理限制，因此厨房与卫浴变动都有移动距离的限制，专业能力不足的"乱改"，会埋下漏水的潜在危机。

集合式住宅管道间会集中在一处，并依此规划用水较多的厨房及卫浴，一整栋楼的厨房及卫浴都在同一侧，若是随意变动，串联楼上、楼下的水管管线容易发生漏水等问题。因此，除非影响到生活线及居家安全，有经验的设计师对厨房及卫浴变动多半都很谨慎，也会考虑工法的限制。

Ⅰ. 没有管道间的卫浴移动方式

老式建筑物没有管道间，粪管被埋设在墙壁内，所以有两种移动方式：

① 最远可以平移 90 厘米，这是新卫浴区垫高地面的泄水坡度的极限。

② 往侧边斜移 45°，因为排水管不能弯成直角，会堵住。

Ⅱ. 有管道间的卫浴

管道间本身是不能动的，顶多就是将卫浴移位或是转向，但一定要在管道间的区域内（90 厘米内），如果脱离管道间，施工时既要垫高地坪又要打地排，是很不理想的规划与双重花费，未来还容易发生排水不顺、积水，最后造成漏水。

请先观察住宅是否有以下的情况（Ⅱ）:

☐ 要在哪面墙开洞？   ☐ 设备：使用全热交换机解决
☐ 用开气窗还是玻璃砖？   ☐ 房门要选"错开"或"借风"的通风手法
☐ 要考虑该建筑位在东北方或西南方等方向

III . 大楼通风设备

通风系统附近也不能乱改，因为楼上楼下的气味可是会跑到室内的。

IV . 厨房移动

给排水一定藏在墙内，油烟排放则要对外，所以设计厨房的位置，也要观察厨房的方位与季节风向，错误的位置会因为风压过大把油烟推回室内。

V . 生活顾忌

把房间改到厨房、厕所的位置，等于"睡在人家火炉上"，或是睡在人家的厕所下方，导致心理上的不适。

专业(4)
光线和通风

正确的采光会使房子看起来更宽敞，也是设计师应该活用的技巧。想要住得舒服，最好每个空间都有独立的对外窗，让房子保持良好的通风及采光。因此在规划格局时，采光及通风的第一要求就是：客厅一定要临近阳台，其次才考虑房间的开口与通风；假如有一间房间是暗房，首先要考虑从哪边进光和借风，而不是先考虑橱柜收纳的位置。我会以中间镂空的柜体做隔间来解决通风效能，否则收纳功能再多，房间却很潮湿，也会导致各种问题。

2-2　自转 + 公转的格局改造术
运用 90°~360°绕行改造户型

为什么提案时要想出两三个或更多种不同格局的设计？改造当然和预算有关，决定大改还是小改，就是决定要调整整个空间还是单一空间旋转，也可以说是把需求当"积木"，试着摆摆看。

从"小自转"到"大公转"

以业主能接受的变动与预算做"不动格局、少动格局、大动格局"三种方向思考，在建筑内进行"大公转"（整体旋转）以及"小自转"（单位空间内旋转），甚至两种方法会同时运用，走一圈就可以找出更多的可能性。

客厅先定位	**客厅是主角，依着阳台走**
	客厅一定要大，并遵循"明厅暗房"的观念，靠阳台近一点，以此为标准。客厅定位好，接下来就可以考虑第二重要的是餐厅还是卧室了。
业主需求	**可以触发对格局的想象力**
	业主常常讲不清楚需求，例如业主说要"度假感"，其中都藏有不同的含义：有人不用太多衣橱，有人需要大厨房招待客人，设计师就要多方推想各种不同的生活细节，平面

配置就是根据想象目标推测出来的。例如：想出一个有中岛台面的厨房，就需要相邻房间退后让出一点面积，或是书房比餐厅重要，那就要邻近客厅，因此导致房间形状重组的无限可能性。

符合生活习俗的基本安排

一些和预算没有关系的规划，就是看设计师的专业程度，例如，"明厅暗房""不要睡在火炉上""开门不要见马桶"，要避免"穿堂风"等。

如果将每个空间都当作积木来看，平面配置就是多种"重组"的过程，但重组不等于大量拆除，而是在其所在位置多设想各种可能性。

易改屋型第一名：从阳台进入室内的长形屋

大门从阳台进入，此类屋型，是最容易修改的格局，因为动线走向几乎固定，能变动的区域不多。

□ 将外阳台当作现代建筑的"内玄关"来设计

□ 客厅和前端的卧室几乎固定

□ 中间偏后是唯一能改的区域，又取决于房间数的多寡

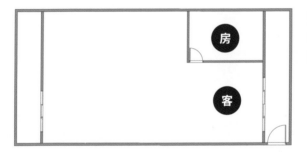

常见情况：
客厅与主卧室仅一墙之隔。

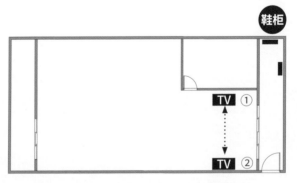

改造：
电视主墙有两个面向可以运用，也会影响卧室房门的设计方式。

易改屋型第二名：大门从中段 1/2 处进入的长形屋

有天井的住宅大多是从中段进入的，楼梯在前面，没有客厅主墙面不足的问题。

□大门位置大约将建筑等分成前后两部分

□缺点是较难设置独立玄关区，只能做开放式

□客厅可能会位于中间，没有紧邻阳台，有采光和通风问题

□因为前段太长、比例太大，还要安排其他功能格局，前端的左右都可以有一间
房，或是留部分阳台和使用玻璃材质，产生通风的机会。

□天井区还可以再利用

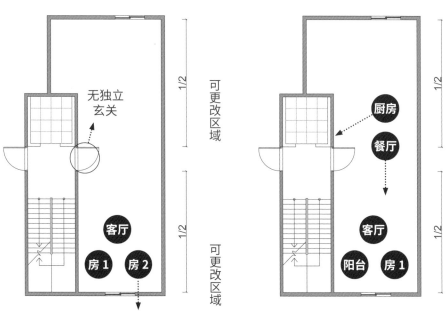

常见情况：两间卧室占据
窗边，挡住通风。

改造：退缩一房为阳台，
开启对流通风。

有电梯的长形屋，楼梯和电梯之间还会有一段比较宽的空间。

☐大门开在中段偏靠前端，大约在建筑物的 1/3 位置

☐客厅主墙太短

☐很多屋主早就将外阳台改成室内使用

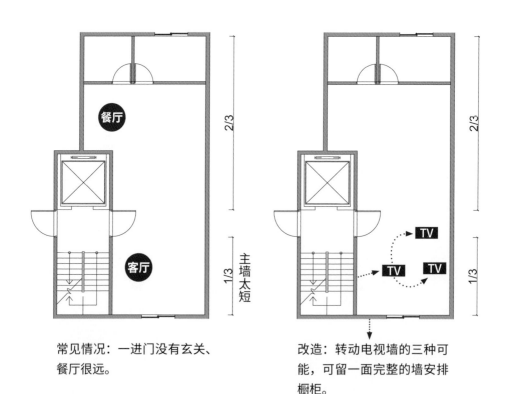

常见情况：一进门没有玄关、
餐厅很远。

改造：转动电视墙的三种可
能，可留一面完整的墙安排
橱柜。

两面光线的正方形

方形的房子，大部分的采光面一定是给客厅的。

□一开门通常就是餐厅的位置

□客厅旁是外阳台

□如果是客厅没有靠近阳台，就有机会分出比较多的房间

□哪一种好改？→厨房在大门旁边的类型比较好改，玄关柜可以直接设在旁边。

常见情况：①

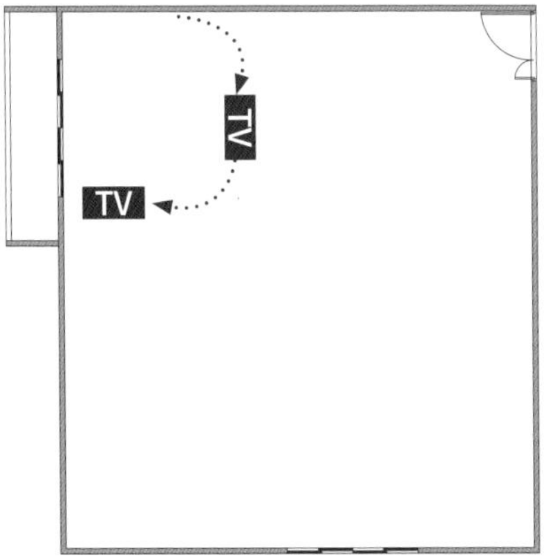

改造：电视墙有两个方向可以选。

常见情况：①

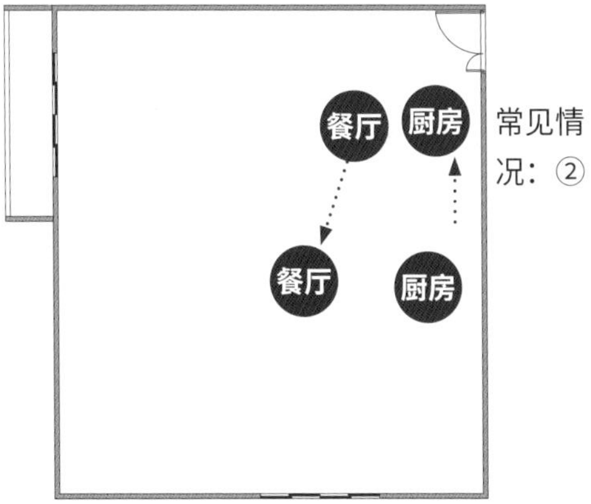

常见情况：②

改造：餐厅、厨房可内外移动。

基础练习：卫浴内的排列

　　卫浴空间内基本只有三种设备，也都有一定的规格和比例，浴室内的设备安排有几个简单的原则，空间感很容易就能体会出来。

门开在哪边	先看门开在哪边，因为浴室的视觉观感第一要求就是"不要直视马桶"，而且不能发生门撞到马桶的现象。
宽敞区	在一进入浴室的空间里规划出"活动空间"，剩下的空间就可以安排三大设备。
门的关键	卫生间内有卫浴门与淋浴拉门，这两个门是提供弹性变动的好工具。
先决定马桶	必须先决定马桶的位置，接着就可以安排淋浴区，最后是脸盆；如果开门就能见到马桶，通常会需要将马桶移到旁边，地面就必须垫高以安排泄水坡度，或是选择改门向。
设备排列	设备的排列方式有"一字排开"以及"对面安排"两种手法。

方形卫浴空间　　　　　　通常这种浴室都放不下浴缸。

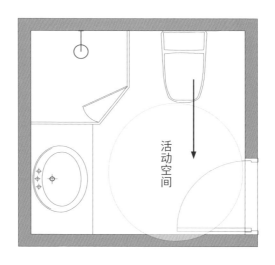

活动空间

超迷你卫浴　　　　　　　多数都是正方形，如果想要比较大的洗浴空间，外门就
要改成拉门式。

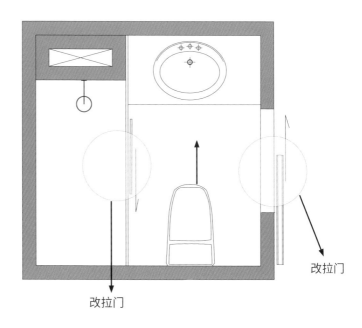

改拉门

改拉门

**长形卫浴 +
门开在一旁**

马桶会放在中间，避免一开门就看见，但是切记：淋浴门若是采用往内推开式，千万不能设计在中间，因为人走进去后，是需要有足够空间可以转身、关上门的。

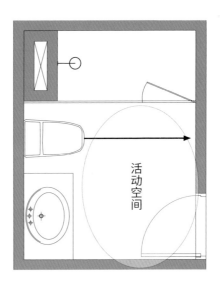

活动空间

**不用更改的
排列法**

淋浴区门可以开在中间，此种类型也可以把淋浴换成浴缸。

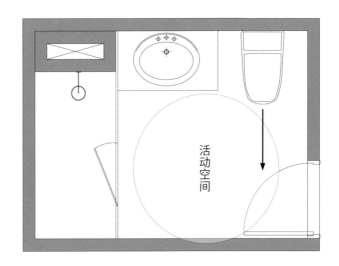

活动空间

长形卫浴空间　　　　通常这种浴室都是放不下浴缸的，只能用淋浴间，储物柜应该安排在管道间的位置。

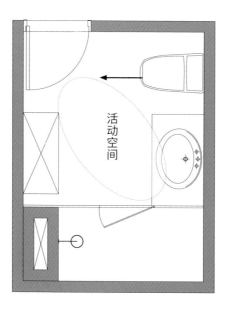

活动空间

CASE 01

前窄后宽的长形屋户型

🏠 **Home Data**　屋型｜旧房／公寓　**面积**｜99 平方米　居住人口｜3 人
格局｜3 房 2 厅 1 厨 1 卫 1 阳台 → 2 房 2 厅 1 厨 2 卫 1 阳台

　　这个前窄（仅 300 厘米）后宽（约 550 厘米）的长形屋，大门开在最前端的正中间，是位于一侧、三边有窗的房子。光源虽好，但原始 3 房位于中段，侧面的光只能到达走道，使得三间房均为暗房，而且走道很长，也不利通风对流，十分可惜。再加上前面是客厅，厨房和厕所都在最后面，在使用上十分不便。在向客户提出提案时，确认只需 2 房，并需要多一间卫浴，所以规划出两种平面配置，以尽可能少地变动格局作为重新配置的前提。

建筑特征

□门开在前端位置　　　　　　　　□房间为暗房

□基地前窄后宽　　　　　　　　　□厕所与卫浴都在最后端

□走道很长　　　　　　　　　　　□厨房墙面为结构墙

□有前院　　　　　　　　　　　　□有前后门动线出口

□三个光线面　　　　　　　　　　□梁柱体位置与隔间不符合

规划重点

只改动后 1/2 区的厨房，换位右转 90°，预算花费最少

before 原始平面

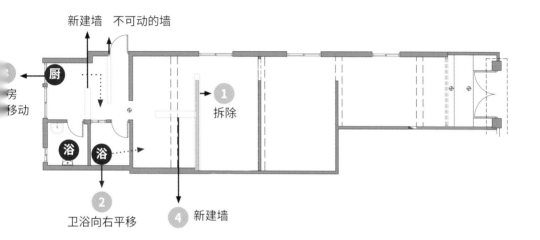

新建墙　不可动的墙

厨

房
移动

浴　浴

1 拆除

2 卫浴向右平移

4 新建墙

After 方案A

分成 3 区段

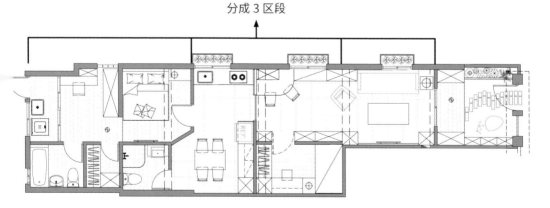

1. 只拿掉 1 间房，把空间调整给其他 2 间房及餐厅
2. 在主卧规划多 1 间卫浴及小更衣间
3. 阳台庭院改用玻璃罩，让光线进入
4. 封闭式厨房及餐厅设计

5. 阳台庭院一半架高木地板，设计成屋主想要的瑜伽休憩区
6. 经由厨房及工作阳台再进入公共卫浴
7. 大门缩小，以保有居住私密性
8. 将收纳集中在私密空间及玄关

B

规划重点

省去走道面积，餐厅、厨房移至中段的核心配置

before 原始平面

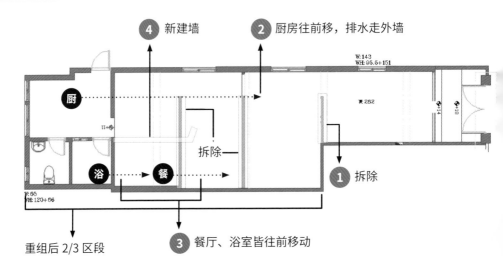

④ 新建墙　　② 厨房往前移，排水走外墙

W:143
WH:95.5+151

厨

R:252

拆除

① 拆除

浴　　餐

重组后 2/3 区段

③ 餐厅、浴室皆往前移动

After 方案 B

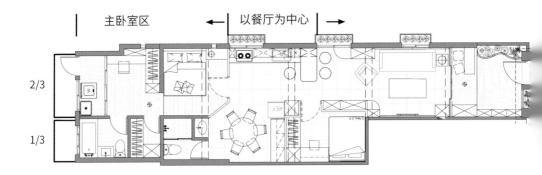

主卧室区　　← 以餐厅为中心 →

2/3

1/3

1. 将餐厅及厨房和公共卫浴移至空间中段，与客厅串联成开放式设计

2. 将客厅退缩，并架高木地板成为屋主瑜伽休憩区

3. 阳台庭院改为玻璃光线罩，并将客厅与阳台庭院之间改为玻璃推拉门

4. 依原本结构墙水平切割，将公私的 2 间卫浴空间规划在同一侧

5. 以餐厨空间为主轴规划一间儿童房及主卧

6. 主卧配有独立更衣室及卫浴

7. 更改后门动线，与工作阳台串联

8. 工作阳台与主卧更衣室以落地拉门区隔，以让后方光线进入

9. 沿隔间墙设计双面或多功能收纳柜体

CASE 02

入口在中间的长形屋

🏠 **Home Data**　　屋型｜旧房／公寓　**面积**｜82.6 平方米　**居住人口**｜2 人
格局｜3 房 2 厅 1 厨 1 卫 → 2 房 2 厅 1 厨 2 卫

　　另一种长形屋户型出入口在长边的正中央，大约在建筑物的 1/2 处，这样的格局会遇到的问题是：为符合"明厅"的传统配置导致客厅过大，挤压了其他房间的配置。虽然屋内还有天井设计，但原本的配置却被内梯上下动线占掉了，十分可惜。重新规划，拿掉内梯后，再重新配置空间，把公共空间留在中央区域，并将天井光线引入室内，而两侧采光区则规划为私人房间，如此一来即可打造出无暗房的空间。提出的两个空间配置方案是：方案一、采用密闭式厨房，却有 3 房 2 厅 2 卫的设计，还多一个储藏间；方案二、采用开放式厨房，拿掉 1 房，为 2 房 2 厅 2 卫的设计，多 1 间储藏室及 2 个阳台，以提供客户选择。

建筑特征

☐ 门开在中央位置　　　　　　　　☐ 有三个采光面

☐ 基地是中窄两侧宽　　　　　　　☐ 之前房间为暗房

☐ 走道很长　　　　　　　　　　　☐ 厕所与卫浴都在最后端

☐ 有天井　　　　　　　　　　　　☐ 厨房墙面为结构墙

☐ 之前有一座内梯　　　　　　　　☐ 依天花板柱体切割空间格局

解决方案 **A**　规划重点

三间房前后两端的无走道设计

before　原始平面

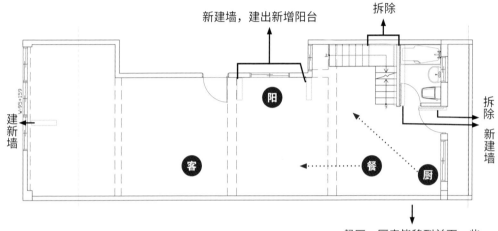

新建墙，建出新增阳台

拆除

建新墙

W95·159

阳

客

餐

厨

拆除
新建墙

餐厅、厨房皆移到前面一些

After　方案A

公共区域在中间

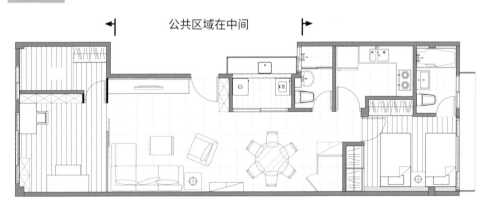

1. 在入口处设置客厅为房子动线走向先定位，不特别强调玄关

2. 以客厅为轴心，将餐厅移至中间形成开放式空间

3. 厨房略前移，拉近与餐厅的距离，采用密闭式设计

4. 天井区规划为半开放式工作阳台，玻璃落地窗让光线进入餐厅

5. 两间卫浴均有对外窗口，通风好且防潮湿

6. 后端采光处规划一间有卫浴的主卧

7. 前端光线处则规划成2房（书房兼佛堂及1间客房）

8. 书房的门采用玻璃拉门，让光线进入客厅

9. 在主卧及餐厅之间规划一储藏间满足收纳

解决方案 **B**

规划重点

客厅、餐厨区形成活动的黄金十字轴线，前端有阳台通风

before 原始平面

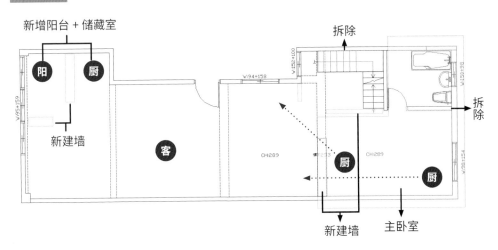

新增阳台＋储藏室

阳　厨

新建墙

客

拆除

拆除

厨

厨

新建墙　　主卧室

After 方案 B

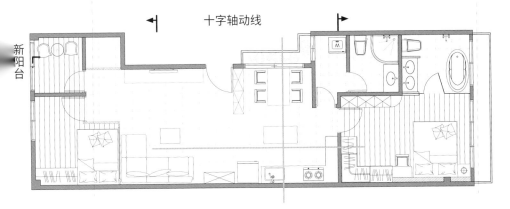

十字轴动线

新阳台

1. 在入口处设置客厅，为房子正中间先定位
2. 以客厅为轴心，将餐厅及厨房移至中间形成开放式空间
3. 运用鞋柜区隔玄关及餐厅
4. 天井区规划为开放式餐厅、中岛厨房，直接让光线进入

5. 将两间卫浴＋工作阳台移至同侧规划
6. 后端规划拥有大卫浴的大主卧空间
7. 前端拿掉 1 房规划成 1 间书房兼客房
8. 前端临窗小空间则规划 1 间对外阳台及储藏室
9. 书房及阳台门改用玻璃让光线进入室内

CASE 03

前宽后窄的挑高长形屋

🏠 **Home Data**　　屋型｜旧房／公寓　**面积**｜66 平方米　**居住人口**｜2 人
　　　　　　　　　　格局｜2 房 2 厅 1 厨 1.5 卫 → 2 房 2 厅 1 厨 2 卫

　　这个空间原本是位于 1 楼的 4 米 2 挑高商用工作室，客户为了年迈的父母出入方便，收回重新规划。此屋只有前后光线，除了要有基本客餐厅及厨房外，为了方便照料老人家，希望能规划 2 房 2 卫。因此空间的配置便卡在挑高楼层的楼梯位置及主卧、客厅的配置，呈现的空间氛围及功能也会大大不同。

　　因为大门在最前端，可以按照"从阳台进入的房型"来思考，于是规划出一个传统的客厅在前的空间配置平面图及一个把主卧放在采光区前端、客厅置于中间的空间配置，提供给客户思考及选择。

建筑特征

□门开在前端位置　　　　　　　　　　□前后采光

□基地是前宽后窄，并有前后出入口　　□之前房间为暗房

□走道很长　　　　　　　　　　　　　□厕所与卫浴都在最后端

□有楼梯　　　　　　　　　　　　　　□挑高 4 米 2

解决方案 **A**　规划重点

前客厅、后厨房的传统配置

before　原始平面

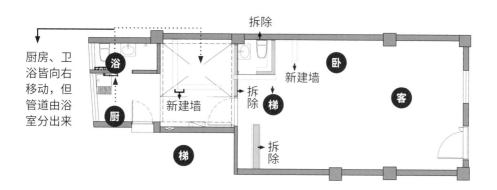

厨房、卫浴皆向右移动，但管道由浴室分出来

拆除
新建墙
新建墙
拆除
拆除
浴
厨
梯
梯
卧
客

After　方案A

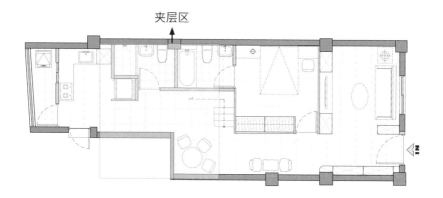

夹层区

1. 一进门是客厅，拥有独立采光，玄关很短
2. 主卧配有一间独立卫浴，位于房子中间，为暗房
3. 利用走道转角规划小餐厅
4. 楼梯位于中央位置，梯间设计收纳功能
5. 两间卫浴集中规划，与半开放厨房串联成一线
6. 后门由厨房进出
7. 楼上为独立一间大房
8. 挑高空间较不完整，但光线充足

解决
方案
B

规划重点

主卧搬到前端，走道变成有延伸感的玄关

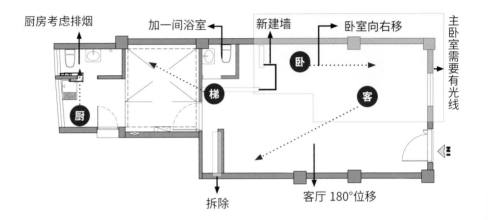

厨房考虑排烟

加一间浴室 →

← 新建墙

→ 卧室向右移

主卧室需要有光线

梯

卧

客

厨

拆除

客厅 180°位移

1. 将前端采光处设置成独立大主卧套房，拥有独立卫浴

2. 玄关较长，连接至客厅

3. 客厅位于空间中央，并利用两间卫浴墙面设计电视墙

4. 厨房大转 90°，并与餐厅及楼梯形成一个空间，餐厅宽敞完整

5. 楼梯下方做足收纳功能

6. 后门由工作阳台进出

7. 楼上为 1 间独立小房

8. 挑高空间较完整，而且光线足

CASE 04

微动格局的方形屋户型

🏠 **Home Data**　屋型｜旧房／电梯大楼　**面积**｜115.7 平方米　**居住人口**｜4 人
　　　　　　　　格局｜4 房 2 厅 1 厨 2 卫 → 3+1 房 2 厅 1 厨 2 卫

　　现在新建住宅的空间配置，大部分一入门就紧接着 1 间公共卫浴及厨房，客厅与落地窗相邻，而本案例是位于电梯大楼的旧房，虽规划出 4 房，但是一进门即是穿堂风及厨房，还有对墙角等问题，令客户十分在意。加上晒衣空间小、主卧有个畸零空间、收纳不足、床头压梁等等，因此在不大动格局的前提下，以餐厅、卧室的不同方位，提出 3 个微调整的设计方案，供客户选择。

建筑特征

☐门开在前侧位置

☐基地呈现正方格局

☐四房且都有光线，但空间都不大

☐光线通风良好

☐公私空间界线清楚

☐通往私密空间的走道长

☐卫浴都在房子最后端

解决
方案
A

规划重点

拓展玄关地坪连接餐厅，满足接待客人、烹饪的爱好

before 原始平面

要放装饰物

After 方案A

1. 将玄关屏风后拉，让玄关及餐厅在同一区域

2. 利用拉门设计封闭式厨房

3. 运用屏风及餐橱柜设计避开客厅沙发背墙的直角

4. 玄关柜与电视墙放在同一侧整合

5. 电视主墙的柱体旁规划室内盆栽造景

6. 书房与客厅背墙的转角及拉门设计改为玻璃，让光线通透

7. 书房除了书桌及书柜外，设计一处卧榻

8. 儿童房运用床头柜及书桌避开压梁问题，床下做收纳柜

9. 公共卫浴规划双洗手槽

10. 主卧的畸零空间规划成独立更衣室，床尾临窗设计五斗柜增加收纳

解决
方案 **B**

规划重点

屏风拉齐餐厅边缘，与半开放厨房形成整体

before 原始平面

· 厨具加长

客

床

After 方案 B

1. 将玄关屏风后拉，并利用衣帽柜区隔玄关及餐厅

2. 利用两片拉门设计半开放厨房，让餐厨动线变宽敞

3. 加大电视柜收纳量

4. 电视柜旁的柱体旁规划室内盆栽造景

5. 书房靠近廊道的转角改为玻璃，让光线通透

6. 书房设书桌及书柜，并设置单人休闲椅

7. 儿童房规划串联书桌的床组设计，搭配独立衣柜

8. 公共卫浴规划双洗手槽

9. 主卧的畸零空间规划成独立更衣室

解决
方案

C

规划重点

厨房、和室门小改变，截断走道的压迫感

before 原始平面

→ 厨具加长

→ 拆除

柜体 + 餐桌整合

餐

→ 拆除

····· 床

门略往左移

After 方案 C

→ 飞轮 + 猫跳台

1. 将玄关屏风往前拉，让玄关变小，餐厅放置在屏风后

2. 冰箱与餐橱柜整合在密闭式厨房外，让厨房变大

3. 餐厅与客厅整合成一个区域

4. 客厅向内移出临窗的休闲区域，放置猫跳台及飞轮和盆栽

5. 书房设计增加临窗卧榻

6. 书房拉门及走道转角改为玻璃材质，让光线通透

7. 2 间儿童房用卧榻设计床组，下方可收床头及书桌避开压梁

8. 用衣柜拉齐走道入口左右两墙的深度

9. 公共卫浴规划单槽面盆

10. 主卧床头右转 90°，避开面窗问题，且能更强大

11. 主卧的畸零空间规划成独立更衣室

CASE 05

三房改两房的梯形屋户型

🏠 **Home Data** 屋型｜新房／电梯大楼　面积｜72.6 平方米　居住人口｜2 人
格局｜3 房 2 厅 1 厨 2 卫 → 2 房 2 厅 1 厨 2 卫

　　72.6 平方米的空间规划成 3 房，使得每个空间都很狭小，餐厅位于房子中心所有动线交汇处，也不好使用。因此在确定客户只需 2 房、开放式厨房，并希望能营造休闲味较浓厚的空间氛围后，便依客户需求规划出 3 种平面配置：一个是一进门即可看见结合客厅的休息空间，仅用电视屏风区隔；另一个是将休闲区与客厅对调的配置；第三个则是着重在餐厅及主卧设计，提供给客户思考及选择。

建筑特征

□门开在前侧位置

□中间设有公共卫浴，导致餐厅位置奇怪又尴尬

□除了厨房及卫浴外，所有空间都有独立对外窗

□一进门有一间卫浴，主卧有一间卫浴

□厕所与卫浴都在同侧

□基地是不规则梯形

解决方案 **A**

规划重点
只去一房，加大客厅及主卧空间

拆除

客

1. 进门处设计玄关，然后进入休闲区

2. 拿掉一房分配给主卧及客厅

3. 休闲区用电视屏风与客厅区隔

4. 厨房设计成开放式与餐厅整合，并以吧台取代
   餐桌，避开餐厅面对公共卫浴入口的视觉尴尬

5. 主卧运用电视屏风区隔睡眠区与更衣空间，
   并规划两进式主卧卫浴动线

6. 冰箱放餐厅

解决
方案 **B**

规划重点

半高双功能隔屏，保持餐厅往外的美景视野

before 原始平面

After 方案 B

1. 进门处设计玄关，并用屏风与客厅区隔
2. 拿掉一房设计开放休闲区域，多余空间分配给主卧及客厅
3. 用电视屏风区隔及界定休闲区与客厅
4. 厨房设计成开放式与餐厅整合，并以吧台取代餐桌，避开餐厅面对公共卫浴入口的视觉尴尬，冰箱放餐厅

5. 主卧运用电视屏风区隔睡眠区与更衣空间，并规划两进式主卧卫浴动线
6. 次卧床组右转 90°靠墙放置

解决
方案 **C** 规划重点

餐桌转向 45°，避开公共卫浴入口处

主卧室

半屏玻璃

拆除

变拉门

客

After 方案 C

TV

1. 进门处设计玄关，以不同地坪区隔

2. 去掉 1 房，将空间分配给客厅及主卧

3. 沿着电视墙至落地窗规划卧榻，营造休闲氛围

4. 主卧往前推，在主卧主墙后面规划独立更衣间

5. 把冰箱与开放式厨房整合

6. 运用 45°角的吧台设计定位餐厅空间，将餐厨空间变大

7. 隐藏门片设计公共卫浴门避开视觉尴尬

8. 利用次卧入口规划电器柜

9. 次卧架高 10 厘米成和室，并改为玻璃拉门设计，搭配可收纳的隐藏床组，视情况弹性使用

CASE 06

一道墙放大餐厨的方形屋户型

🏠 Home Data　屋型｜旧房／电梯大楼　面积｜72.6 平方米　居住人口｜3 人
格局｜3 房 2 厅 1 厨 1.5 卫 → 3 房 2 厅 1 厨 1.5 卫

　　不动格局的确可以大大节省预算，但相对的，更考验设计师的设计功力。以这个案例来说，光线通风都算不错，而且房间数符合客户的需求，但是面对过小的厨房及餐厅空间不知如何处理，餐桌怎么放都会卡住动线，因此设计师提供了两种平面配置：独立餐厨空间规划或半开放的餐厨空间，供屋主选择。

建筑特征

☐ 门开在前侧位置

☐ 基地方正

☐ 独立玄关（结构墙）

☐ 三个光线面

☐ 除了餐厨，没有房间为暗房

☐ 厕所与卫浴都在最后端

☐ 厨房墙面为结构墙

☐ 走道上方有大梁

解决
方案 **A** 规划重点
改变厨房门就能增设 L 形大收纳

before 原始平面

拆除 ←

→ 放大厨房成 L 形

After 方案A

1. 拿掉厨房与餐厅隔间，设计电器柜吧台串
联餐桌

2. 运用镜面修饰走道天花梁，拉高天花视觉

3. 规划儿童房与主卧相邻，另一间则规划为
架高书房兼客房

4. 在书房临餐厅墙面嵌入玻璃砖透光

5. 主卧卫浴用隐藏门设计避开床

6. 电视主墙设计成电视平台＋左右对称柜体

7. 儿童房设计弧形天花收梁

8. 维持独立玄关

解决方案 **B** 规划重点
动房间墙变拉门，借引光线让餐厅明亮感提升

before 原始平面

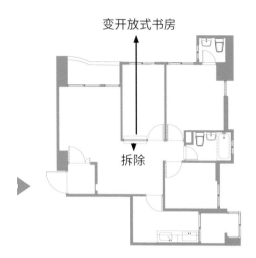

变开放式书房

拆除

After 方案 B

B方案

1. 保留原本格局，厨房为独立空间
2. 厨房外规划为餐厅，并将餐桌靠墙设计
3. 玄关结构墙不可移动，因此在玄关背墙规划餐橱柜
4. 儿童房与主卧以公共卫浴相隔

5. 客厅电视主墙设计全为柜体，中间放置壁挂式液晶电视
6. 沙发背墙为书房，并将临走道墙面拿掉改为玻璃拉门为隔间引光
7. 书房设计卧榻兼作客房
8. 主卧卫浴用隐藏门设计避开床

CASE 07

转动客、餐厅配置的方形屋户型

🏠 Home Data

屋型｜旧房／公寓　　面积｜115.5 平方米　　居住人口｜5 人（两家人）

格局｜3 房 2 厅 1 厨 1.5 卫 → 3 房 2 厅 1 厨 2 卫

　　这是一个兄妹共筑的居家空间。妹妹带着两个男孩离婚投靠哥哥，为给孩子提供稳定的成长环境，因此兄妹共同购买了 1 套住宅，改成适合两家人居住的空间。

　　这个空间因边间加上三面光线，所以条件良好，只是原本的格局并不符合现在居住者的需要，包括 1.5 套卫浴设备不够使用，且有空间太小、撞门、餐厅太暗等问题，必须重新规划。根据客户的需求，必须重新调整隔间墙，规划三个房间、公共空间的配置、客厅方位及电视墙位置，并同时加大卫浴空间及动线调整。设计师提出四个平面规划，让客户思考及选择。

建筑特征

□门开在中间位置

□基地方正

□边间，光线通风良好

□位于中间的餐厅太暗

□厕所与卫浴都在最后端

□厨房墙面为结构墙（在侧边），接工作阳台

□室内有结构梁柱要注意

解决方案

A

规划重点

电视墙与主卧室共用的半开放式公共空间

before 原始平面

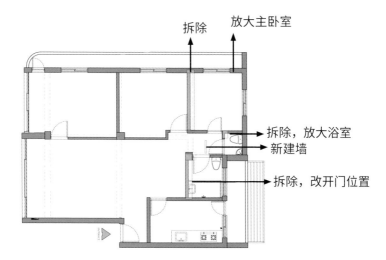

拆除

放大主卧室

拆除，放大浴室
新建墙

拆除，改开门位置

After 方案 A

1. 以屏风规划独立玄关引导进入客厅

2. 运用梁柱切分公、私空间

3. 将男孩房的墙定位为电视主墙

4. 客厅临窗规划卧榻，增加坐卧空间

5. 客餐厅采用及腰的斗柜界定，并让光线进入餐厅

6. 将 0.5 间卫浴划入主卧，并加大空间成另外 1 间卫浴

7. 加大公共卫浴空间，动线改由从餐厅进出

8. 变动主卧及次卧隔间为双面柜

9. 保留密闭且独立的厨房

10. 房间配置分别为：双人床主卧、单人床次卧、上下铺男孩房

解决方案 **B** 规划重点

按对角线配置客、餐厅及厨房

before 原始平面

客厅、儿童房 180°互换　　　增加衣橱空间

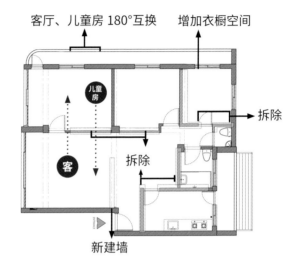

拆除

拆除

新建墙

After 方案 B

1. 将光线最好的房间规划为客厅

2. 中间以走道串联公私空间

3. 玄关一进来即餐厅，拿掉玄关与厨房
   墙面改以屏风区隔

4. 设计开放式厨房与餐厅串联

5. 调整公共卫浴墙面为电器柜及洗手台

6. 将 0.5 间卫浴划入主卧，并加大空间成另外 1
   间卫浴

7. 房间配置分别为：双人床主卧、双人床次卧、
   二张单人床男孩房

规划重点

餐厅新隔屏形成回字动线，成员再多也不会撞在一起

before 原始平面

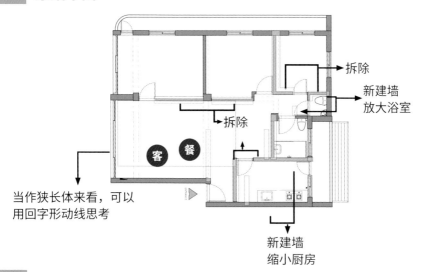

拆除

新建墙
放大浴室

拆除

客 餐

当作狭长体来看，可以
用回字形动线思考

新建墙
缩小厨房

After 方案 C

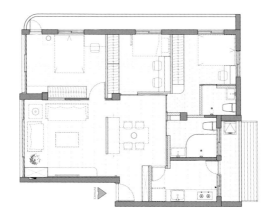

1. 玄关串联客餐厅，并将电视柜设计在靠外墙

2. 以餐橱＋电器矮柜＋屏风区隔客厅及餐厅，
   也让光线进入餐厅

3. 餐厅以回字动线串联私密空间及卫浴、封闭
   式厨房

4. 将 0.5 间卫浴划入主卧，并加大空间成另
   外 1 间卫浴

5. 加大公共卫浴空间，动线改由从餐厅进出

6. 房间配置分别为：双人床主卧、上下铺男
   孩、双人床次卧

解决方案 **D**

规划重点
动墙最少，修改为开放式客餐厅

before 原始平面

主卧

客

拆墙，改开门位置

After 方案 D

1. 开放玄关串联客餐厅，并将电视柜设计在玄关同侧

2. 运用梁柱切齐公私空间，并将私密空间规划在同一侧

3. 将餐厅及餐橱柜依墙设计，形成开放式客餐厅，光线佳

4. 光线最好的房间规划为主卧

5. 缩小次卧空间，并将 0.5 间卫浴改大成 1 间

6. 公共卫浴空间大小不变，动线改由从餐厅进出

7. 房间配置分别为：双人床主卧、上下铺男孩房、单人床次卧

CASE 08

对换客厅与书房的冂字屋户型

🏠 **Home Data**　屋型｜旧房／电梯大楼　面积｜148.5 平方米　居住人口｜1 人
格局｜4 房 2 厅 1 厨 2 卫 → 2+1 房 2 厅 1 厨 2 卫

　　冂字屋户型再加上大门在中间偏左的空间设计，实在考验设计师的空间配置能力，因为不但玄关太短难以安排，空间动线也容易被切割成左右两边不连贯。以这个案子为例，玄关太短太窄，难以设置鞋柜等，空间被一分为二，整个空间只有前后有光线，餐厅容易成为暗房，厨房太过狭小，卫浴空间太小，而且原本的卫浴一开门就看见马桶，不雅观。因此，在客户需要大主卧、豪华泡澡空间、开放的餐厨空间及一间书房时，最特别的变更是在 2 间浴室内，都将马桶与面盆互换，使浴室空间感瞬间放大。

建筑特征

☐ 门开在中间位置

☐ 基地两侧宽中间窄的冂字形

☐ 只有前后两侧光线

☐ 位于中间的餐厅太暗

☐ 厕所与卫浴都在中间段

☐ 厨房在两个房间中间，接工作阳台

解决方案A 规划重点

不动格局，以共用隔屏设计客厅与书房

before 原始平面

马桶换位、重新排列

马桶 → 马桶

客 ↓

新建墙·

书房

After 方案A

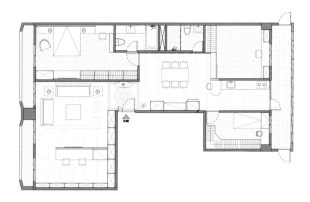

1. 进门处规划开放式玄关，衔接左边客厅及右侧的餐厅＋私密空间

2. 拿掉客厅一房改为开放式书房，以电视墙结合书桌界定区域

3. 开放式厨房与餐厅串联，用吧台界定区域

4. 厨房两侧房间，一个架高木地板＋拉门成和室，另一间为客房

5. 餐橱柜设计在玄关同侧

064

解决方案 **B**

规划重点

客书房翻转，缩小和室加大厨房

改门位置

马桶、面盆换边

马桶　盆

新建墙、改门位置

客厅、书房 180°互换

客

书房

IN

拆除

After 方案 B

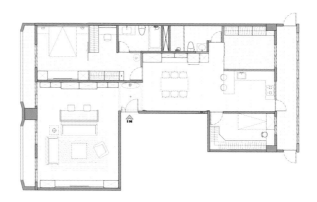

IN

1. 拿掉一房变身客厅，并面向内侧，让客厅拥有完整的电视主墙

2. 沙发背面规划开放书房，采用回字动线串联客厅及书房

3. 将和室缩小，加大厨房，以配置 L 形厨具及吧台

4. 公共卫浴入口内缩调整，便于架高和室的拉门使用

5. 主卧动线调整，让卫浴临餐厅墙面能完整设置餐橱柜

6. 大主卧内运用衣柜设置一间半开放更衣室

解决
方案 C　规划重点
吧台是创造餐厨区独立与连接的最好工具

before　原始平面

新建墙，浴室放大

拆除

拆除

新建墙
厨房放大

客

书房　拆除

After　方案 C

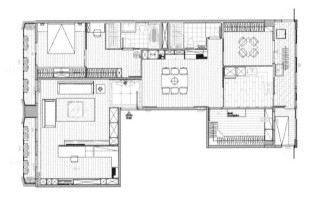

1. 进门处规划开放式玄关，衔接左边客厅及右侧
　 的餐厅＋私密空间

2. 拿掉客厅一房改为半开放式书房，以电视墙结
　 合书桌界定区域

3. 将和室缩小，加大厨房，以配置 L 形厨具

4. 在厨房加装拉门设计，变成半开放式餐厨空间

5. 公共卫浴入口内缩调整，便于架高和室
　 的拉门使用

6. 主卧动线调整，让卫浴临餐厅墙面能完
　 整设置餐橱柜

7. 大主卧内运用拉门区隔更衣室及睡眠区

只靠客厅小翻转 180°的梯形户型

🏠 **Home Data**　屋型│新房／电梯大楼　面积│148.5 平方米　居住人口│3 人
格局│4 房 2 厅 1 厨 2.5 卫 → 3+1 房 2 厅 1 厨 2.5 卫

　　因为是梯形的平面配置，导致室内空间切割得很奇怪，而且在玄关及餐厅中间有根柱体，很难利用。因此设计师运用玄关橱柜设计拉齐玄关、餐厅及客厅空间，使其完整，再来配置家具。私密空间部分，由于客户不想更动格局，因此依其需求配置，除了主卧外，其他两间则分别规划为女儿房及和室。

建筑特征

☐ 门开在中间位置

☐ 基地为一边宽一边窄的梯形面积

☐ 三面光线

☐ 位于中间的餐厅太暗

☐ 厕所与卫浴都在后端，并有对外窗

☐ 开放式大厨房，接工作阳台

☐ 主卧有不少畸零空间

规划重点

以增设柜体切断纵深，创造空间层次感

before 原始平面

After 方案A

1. 运用玄关双面柜区隔玄关、客厅及餐厅

2. 利用及腰电视屏风区隔客厅与品酒区，并串联餐厅

3. 厨房设置拉门，做半开放式设计

4. 方形大餐厅串联公私空间动线

5. 主卧运用更衣间修饰主浴门口的畸零地带

6. 主卧与次卧之间为客房

解决方案 **B**　规划重点

翻转 180°，客厅拥有完整电视墙

书房

客
⌄

└ 客厅 180°换方向

After 方案 B

1. 玄关屏风拉长空间感
2. 沙发与玄关同侧，保留完整电视墙
3. 沙发及斗柜区隔客厅及品酒休息区，再到餐厅
4. 圆形餐桌串联各空间领域
5. 开放式厨房设计

6. 主卧运用拉门拉齐主卧主墙，并多出独立化妆间
7. 主卧与女儿房相邻，最靠边的房则为架高和室兼客房

解决方案 **C** 规划重点

B案客厅及主卧并入A案＝C案

before 原始平面

床头换方向

书房

客

After 方案 C

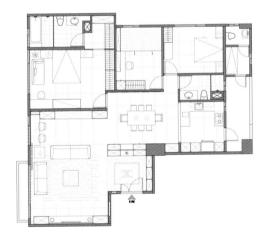

1. 运用玄关双面柜区隔方形玄关、客厅及餐厅
2. 沙发与玄关同侧，保留完整电视墙
3. 以沙发区隔客厅及品酒休息区，再到餐厅
4. 厨房采用开放式设计

5. 方形大餐厅串联公私空间动线
6. 主卧运用拉门拉齐主卧主墙，并多出独立化妆间
7. 主卧与次卧之间为客房

CASE **10**

360°翻转平配的不规则户型

🏠 **Home Data**　屋型｜旧房／电梯大楼　面积｜115.5 平方米　居住人口｜2 人
格局｜3 房 2 厅 1 厨 2 卫 → 2+1 房 2 厅 1 厨 2 卫

　　此案例位于市区高楼层的旧电梯大楼，三面采光外，每一面窗望出去看到的景致都不同，尤其还有一个八角窗，能环视对面的公园。因此当客户找设计书参与设计时，提出了这样的需求——希望有 3 间房，还要有休闲区、吧台品酒及宽敞的公共空间，同时又能揽景入室。

　　于是我们除了尽量少移动水电管路较重的厨房及卫浴间外，其他格局全部打破，并以客厅为轴心，按四个方位去调配不同的空间配置，让屋主挑选最适合自己的方案。

建筑特征

☐门开在中间前段位置　　　　　　☐走道太长

☐基地虽方正，但有不少凸出景观窗　☐厨房、厕所与卫浴都在前段

☐三面光线　　　　　　　　　　　☐工作阳台太小

开放式公共场所置于中间，两侧为私密房间

before 原始平面

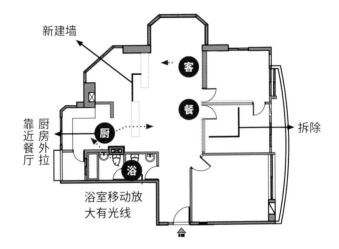

新建墙

客

餐

靠近餐厅

厨房外拉

厨

浴

拆除

浴室移动放大有光线

After 方案A

IN

1. 以玄关为主轴规划公共空间：玄关、餐厅、客厅，左右两侧为私密房间
2. 将原本的厨房往走道内推，与餐厅及中岛形成开放式设计
3. 客厅与八角窗形成一区，并利用主卧墙设计电视墙
4. 沙发背后规划开放式架高和室

5. 次卧及和室中间规划玻璃休息区，内附拉门可弹性使用
6. 两间卫浴后移，其中一间并入主卧，形成主卧、更衣室、豪华主浴
7. 玄关入口规划储物衣帽间
8. 八角窗设计成休息卧榻

解决
方案
B

规划重点

客厅在入门前侧，房间在后侧左右两端

before 原始平面

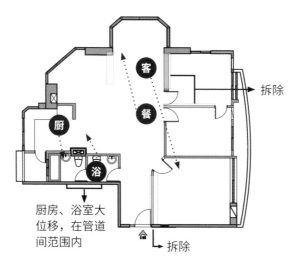

客
餐
厨
浴

拆除

厨房、浴室大
位移，在管道
间范围内

拆除

After 方案 B

1. 一进门玄关即接客厅，且电视主墙与玄关同侧

2. 厨房与卫浴对调，设计开放式厨房，与中岛吧台
　及餐桌串联

3. 两间卫浴合并为一大间，并把空间移给主卧使用

4. 客厅背墙后规划半开放书房及客房

5. 八角窗设计成休息卧榻

解决
方案
C

规划重点
不动原本的公共空间格局，三房变两房

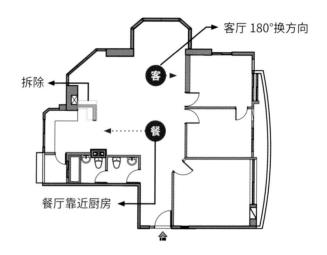

客厅 180°换方向

拆除 ←

客

餐

餐厅靠近厨房 →

After 方案 C

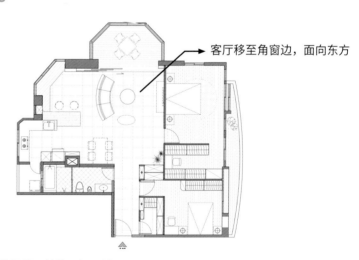

客厅移至角窗边，面向东方

1. 保留原本厨房及卫浴配置，并将二间卫浴
   改为一大间

2. 厨房串联后方的角窗规划成开放吧台休息
   区及餐厅

3. 客厅与八角窗卧榻连成一区，并用拉门弹
   性区隔

4. 右侧三房改为二房，并加大主卧，拥有独
   立更衣间

5. 玄关入口处规划衣帽储藏间，且玄关变深

解决方案 **D**

规划重点

以十字动线安排公共场所，卧室位于边缘

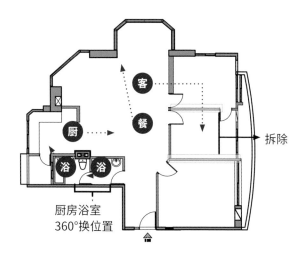

拆除

厨房浴室
360°换位置

1. 以玄关、餐厅与八角窗为纵轴，厨房与
   客厅为横轴，揽景入室

2. 四角分别规划休息区、主卧及两间次卧

3. 客厅与休息区以电视墙屏风区隔，让视
   野通透串联餐厅

4. 厨房与两间卫浴调整后，其中一间置入主卧，
   成为豪华泡澡区

5. 玄关一边设计鞋柜，一边设计酒柜，与开放
   式吧台厨房相呼应

Part 3

现场解救！
没有改不了的空间

没有玄关怎么办？长短不齐的墙面如何解决？狭小的空间如何满足全家人的需求？……从预算到改造，12 个案例，解决你的实际问题。

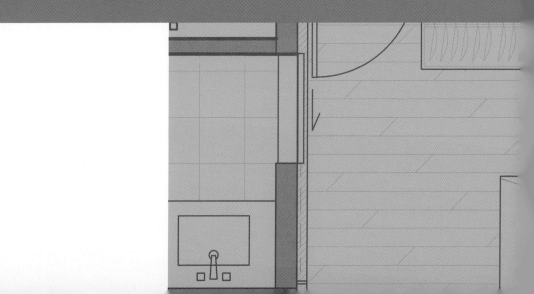

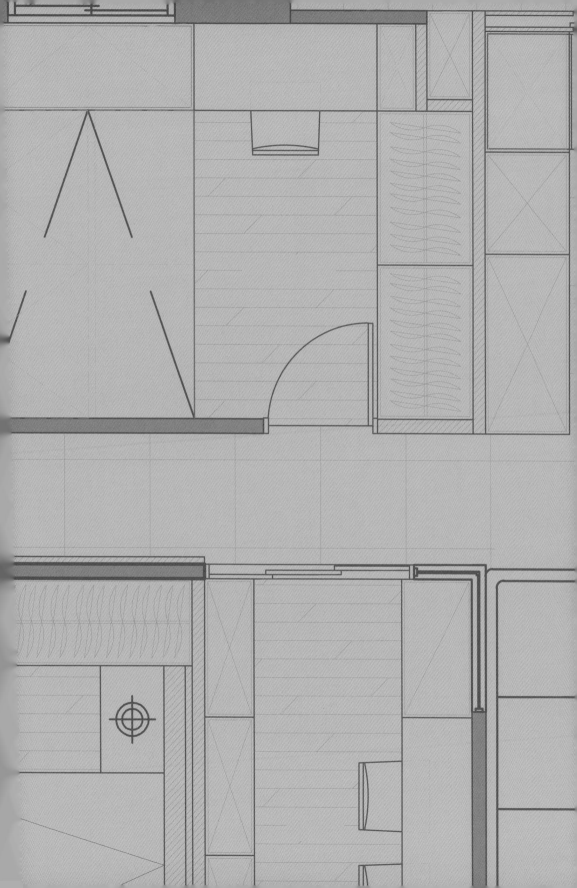

没有玄关、餐厅被压缩
99 平方米找不到可收纳的空间

🏠 **Home Data**　**屋型**│旧房　**面积**│99 平方米　**格局**│3 房 2 厅 1 厨 2 卫

改变客厅坐向的双向电视墙
空间宽敞，满足收纳与烹饪需求

建材│半抛光石英砖、复古砖、日本硅酸钙板、F1 板材、KD 木皮、环保系统柜、ICI 涂料、超耐
磨木地板、玻璃、灰镜、LED 灯、水晶灯、大金空调、TOTO 卫浴设备、进口厨具、正新
气密窗、蜂巢帘

 空间尺度：客厅比例过大、餐厅窄小

苦恼 **无鞋柜：**大门进来无玄关

 物品太多：其他三房太小，需要很多收纳空间

 危险管线：有邻居的瓦斯管经过本户

　　这是位于电梯大楼里、屋龄超过 30 年的旧房，拥有 3 房 2 厅的格局，而且每个空间还算方正，十分符合屋主一家四口的需求。但实际丈量后，发现公共区域在比例上过大，相较之下私密空间又显得狭小。再加上拆除后发现原厨房狭小且多处漏水、楼板露钢筋，甚至有白蚁虫害，还有邻居家的瓦斯管线经过，入口没有玄关，令屋主十分困扰。

　　屋主是一对低调有品位的夫妻，不喜欢太鲜艳的装饰。厨艺精湛的女主人，喜好假日和朋友相约家里互相切磋，所以厨房设备要齐全，并希望有一个吧台可方便烹调，还喜欢用圆桌用餐；男主人则是不折不扣的玩具控，收集了许多无敌铁金刚和高达系列，但是旧家狭窄的空间难以满足收藏与展示，因此需要有足够且适当的室内规划及陈列空间。

Before

 现场问题

1. 没有玄关
2. 公共区域过于宽敞，比例较大
3. 厨房狭小且多处漏水，邻家瓦斯管贯穿
4. 空间里不少有楼板露钢筋，甚至有白蚁虫害
5. 每个房间过小，收纳量不足
6. 老旧电梯有独立后门空间，但不知如何利用

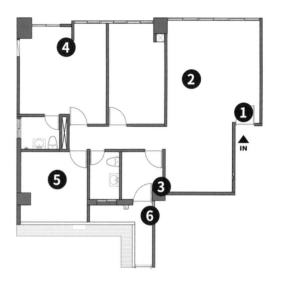

设计师策略总整理

1 种平面 ➜ 微调格局的 3 种空间配置方案

A

Step 1. 客厅窗边做卧榻
可以当作座位使用，收纳也方便。

Step 2. 拆动厨房墙
厨具变成 L 形向餐厅开口，冰箱位于中间，刚好遮挡炉灶视线。

B

Step 1. 客厅右转 90°
客厅坐向右转朝向餐厅，以旋转电视屏风当作界线，大门边就可以安排一整面的储藏柜。

Step 2. 厨房只动一道门
将门移到中间，就可安排双一字形厨具，台面足够好用。

C

Step 1. 客厅转向 + 厨房拆墙
旋转电视屏风让客、餐两区都能使用，厨房变身开放式，让本区比例扩大。

Step 2. 卧室强调收纳量
卧室将衣橱和书桌椅不同方式组合，达到最高收纳量。

改善
方案
A

预算等级
★ ★ ★ ☆ ☆

优 仅改动次子房及厨房

优 开放式餐厨设计符合女主人需求

缺 开放式玄关，没有内外缓冲区域

缺 餐厅的屏风橱柜会遮到光线

不改动格局的传统客餐厅配置
餐厨改用 L 形开放式设计

❶ 玄关 以鞋柜界定玄关并与电视柜串联成一体	❷ 客厅 运用沙发及卧榻营造客厅大气感	❸ 餐厅 运用餐厨柜屏风界定客餐厅
❹ 厨房 开放式厨房，并将电器柜移至餐厅	❺ 后阳台 加大铝窗增加收纳功能	❻ 次主卧 分为睡眠区和读书区

　　A 方案的版本不动格局，针对屋主的需求规划出开放式玄关，以及半开放的客、餐厅空间和每个私密空间配置。同时，因为男屋主想要摆放玩具，所以从玄关鞋柜串联电视柜，设计一个陈列展示区。由于公共空间的收纳功能有限，房间的收纳功能就要规划充足。

　　另一个设计重点，则是后阳台设计成 L 形工作阳台，将原本的厨房隔间去除，跟餐厅串联为开放式空间，并沿着餐厅墙面做出吧台、电器柜等等，满足女主人想要的料理区。再将厨房走道的墙线比例重新分配，做出可以放超大冰箱的空间。同样，后阳台位移后，次子卧房多出来的区域沿着柱和梁，以矮柜区分床跟书桌的空间，同时以圆弧天花设计解决床头压梁的问题。

改善
方案
B

预算等级
★★★☆☆

缺 厨房与餐厅独立，动线及使用较不便

优 书桌靠窗，光线较为明亮

优 多了男主人要的角落阅读区

优 旋转电视机弹性应用更大

优 有玄关调节回家或外出的心境

客厅转向 90°搭配旋转电视墙屏风

主卧多出一个阅读空间，功能更富弹性

❶ 玄关 运用不同地坪规划玄关落尘区	❷ 客厅 运用半高屏风式旋转电视墙界定区	❸ 餐厅 餐厅及厨房各自独立，中间规划吧台区
❹ 儿童房 两间儿童房的书桌近窗户，光线佳	❺ 主卧 封掉一组窗，增加为阅读区	

　　B方案则是大胆地将客厅大转90°与餐厅对望，同时将电视墙设计成可旋转的半屏风式隔屏，不但可界定客、餐厅，上方的贯通可让视野更开阔，同时也可以视需求调整电视的面向。换句话说，旋转电视墙除了打破空间的限制，增加便利，也使光影投射的变化成为家中的美景。由玄关鞋柜联结一个大型收纳高柜，窗台与柜体展示台面放置男主人收集的模型，仿佛是特别订置的展示舞台。

　　厨房则改为密闭式设计，并将所有料理功能集中在此，例如电冰箱、烤箱等等。餐厅除了有圆桌外，还多一座工作吧台，符合女主人想要做料理的需求。长子房则利用收纳箱及临窗书桌进行规划，次子房因为考虑到玩具多，所以将衣柜空间结合梁下及床组一起设计出收纳功能。而主卧的浴室做了隐藏门设计，窗边规划出男主人的阅读区，可以享受在午后阳光下配上一杯茶的阅读乐趣。

改善
方案
C

预算等级
★★★★☆

缺 优 优 优
预 私 开 旋
算 密 放 转
较 空 式 电
高 间 餐 视
利 厨 机
用 设 弹
梁 计 性
下 符 应
增 合 用
加 女 更
收 主 大
纳 人
功 需
能 求

A方案的开放厨房＋B方案的客厅转向

专属的完美居家空间规划出现

❶ 玄关 运用不同地坪规划玄关落尘区	❷ 客厅 运用半高屏风式旋转电视墙界定区域	❸ 鞋柜 收纳柜与鞋柜统整，满足收纳及玩具展示	❹ 厨房 开放式厨房，将电器柜移至餐厅串联
❺ 后阳台 加大成L形	❻ 次主卧 利用梁下规划收纳及阅读区	❼ 主卧 增加主卧阅读区	

　　由于屋主很喜欢B方案的和室及主卧的规划，因此以B方案为基底，再加上调整的A方案做最后定案，变动的地方包括：去除屏风，让客厅光线得以进入玄关；加高和室，下方做收纳柜，并去除和室的书桌，改以活动桌使空间使用更灵活，拉门的设计也让走道的长度感觉变短一些；调整后方工作阳台的配置，让空间使用较顺手等等。

　　另外针对电视柜及餐橱柜设计出高高低低的层次，不但增加功能，也让整体空间视觉有变化。

After

C 提案完工

　　男屋主很喜欢 B 方案的玄关及客厅设计，女屋主则喜欢 A 方案的餐厅及厨房设计，因此在讨论后，将彼此喜欢的空间保留，同时主卧用 B 方案的床头 + A 方案的衣柜设计，并多出一间男屋主想要的窗边阅读休憩区。至于大小男孩的房间，则采用 B 方案。在多方融合及调整之下，C 方案应运而生。虽然预算增加了不少，但是旧房经过改造，仿佛如新房一样亮丽；针对不良格局修正，放大空间视觉效果，也改变了以往不便的地方，让男主人的高达有展示空间，女主人使用厨房亦更顺手。

PROJECT 1
运用原木色及中性灰
营造低调简约风格

整体空间的调性上，大量使用不同明暗度的灰色搭配木纹质感，呈现低调简约的氛围。同时，在玄关入口处使用木作造型墙及灰镜作为隔屏，既界定玄关与室内空间，又不影响光线。

PROJECT 2
窗台及柜体台面是玩具
展示舞台

运用鞋柜一路延伸至窗台的展示柜，在柜体的"深、浅"及"展示、封闭"的层次安排下，搭配沙发背墙的窗台设计，都可以放男主人所收集的模型，在光线衬托下，仿佛是特别订置的展示舞台。

PROJECT 3
大面积收纳柜用悬空设计减轻量体

大面积收纳是主妇的最爱，但是让视觉感减轻就是专业设计师该做的，局部悬空加上灯光就可以达到效果。

PROJECT 4
不同地坪材料与及腰屏风界定空间

由于空间不大，因此运用不同地坪区隔玄关及室内空间，同时及腰的电视屏风则界定餐厅及客厅空间，不做满的设计让视野更通透。

PROJECT 5
旋转电视墙，满足不同空间使用功能

旋转电视墙除了打破空间的限制，增加方便性，也使光影投射的变化成为家中的美景。

PROJECT **6**

开放式餐厨设计实现女屋主烘焙梦想

由于厨房空间不大，因此利用开放式的餐厨空间设计，将电视墙后的用餐区，沿着墙面做出吧台、电器柜，完成女主人想要的烘焙料理区域。再将从餐厅延伸至厨房的墙线比例重新分配，硬是挤出可以放超大冰箱的空间，满足需求。

PROJECT **7**

窗边规划出男主人的阅读区

应男主人的要求，将原本床尾一整排的衣柜改到两侧，并在临窗边转角处保留一个空间，放置单椅，成为男主人最喜欢的专属个人阅读休憩空间。

PROJECT **8**

主卧浴室隐藏门设计，视觉更规整

有鉴于主卧的空间并不大，两侧均规划了衣橱收纳，主卧卫浴则做了隐藏门设计，透过深浅木皮的安排，营造空间律动感。同时运用系统床头柜箱及化妆台的结合，避开床头压梁的问题。

以矮柜区分床与读书区

在次子房里，有梁柱将空间分割为两区域，因此将阅读区域设计在梁柱后面的畸零空间，并以矮柜区分床跟书桌，同时矮柜下方则设计格子层板，一方面放置书籍，一方面也可以收纳孩子的玩具。

圆弧天花设计解决床头压梁

由于长子房的天花有一根大梁，角落也有结构柱，因此利用圆弧造型天花修饰掉梁柱，同时也解决床头压梁的压迫感，并成为空间里有趣的线条律动。

被三房隔间破坏的度假屋
长短不齐的墙面造成室内很狭窄

🏠 Home Data　屋型│新房　面积│69.3 平方米　格局│玄关、2+1 房 1 厅 2 卫

巧移门、多功能玄关柜
弹性运用空间，客人留宿也方便

建材│文化石、木作造型门、实木地板、金属光泽喷漆、E0 健康系统橱柜、灰镜、
日本丽仕硅酸钙板、大图输出

 度假乐趣：男主人希望有一间泡茶享受的和室　 **穿堂风：**一进门就看完整个公共空间

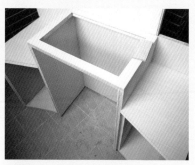

 零碎空间：室内狭小且不完整，造成畸零角落难使用

　　林先生及林太太因已快到退休年纪，于是在郊区购买了一间 70 平方米左右的新房，作为退休生活的度假小屋。由于是位在边间，几乎每个房间都拥有充足的光线，但建筑商硬将室内规划成 3 房，压缩了公共空间，也产生一些狭小不完整的空间，还有一进门即一眼看穿客厅，无隐私性。而且男主人喜欢泡茶，要求有一间和室，女主人则希望收纳功能充足。

　　因此应屋主需求，将 1 间房开放成弹性空间，规划出 2 种完全不同的格局调整方案，加大公共空间的使用区域。利用橱柜隔屏出入门玄关，避开风水问题。另外，由于是度假使用，收纳功能可以简化至私密空间。

Before

现场问题

1. 一进门即见露台
2. 公共空间并不大，且觉得压抑
3. 室内有许多畸零空间不好使用
4. 原本 3 房规划不符合使用需求

**设计策略
总整理**

1 种平面 → 提出 3 种客厅配置方案

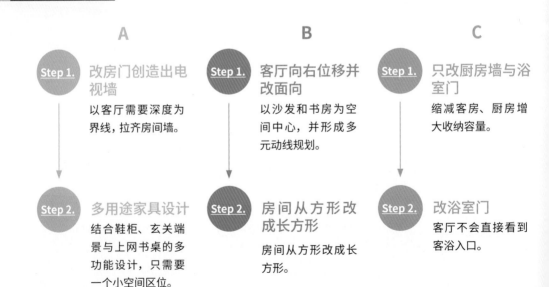

A

Step 1. 改房门创造出电视墙

以客厅需要深度为界线，拉齐房间墙。

Step 2. 多用途家具设计

结合鞋柜、玄关端景与上网书桌的多功能设计，只需要一个小空间区位。

B

Step 1. 客厅向右位移并改面向

以沙发和书房为空间中心，并形成多元动线规划。

Step 2. 房间从方形改成长方形

房间从方形改成长方形。

C

Step 1. 只改厨房墙与浴室门

缩减客房、厨房增大收纳容量。

Step 2. 改浴室门

客厅不会直接看到客浴入口。

090

改善
方案

A

预算等级
★★★☆☆

缺　优　优

客厅的深度不够

在预算内达成屋主的需求

格局变动不大，维持好的光线及通风

只改两道门、拉齐电视墙为中轴线
在预算内达成需求

❶ 玄关　双面橱柜区隔入门视线	❷ 客厅　拉齐房间墙面，打造完整电视墙	❸ 和室　拆墙＋架高木地板的开放式和室	❹ 厨房　活动拉门区隔半开放厨房

　　为了符合屋主的预算，A平面规划的重点以变动最少为原则，维持2＋1房的格局，仅将原本的2间房间的墙面拉齐，好营造出完整的电视墙面，并将进出私密空间的门板以隐藏门方式整合在电视墙面上，让视觉统一，放大空间。其次是将靠近露（阳）台的小空间做成拉门格式，并架高木地板成为男屋主最爱的休息泡茶区。

　　在入口处规划玄关，并以双面柜当屏风修整穿堂风的问题。屏风的另一边则为开放式的上网兼用餐区，厨房门片去除，改成半开放设计，公共卫浴的门片则设计为隐藏式，并透过白色板材及灰镜的穿插交错营造层次感。而所有收纳功能全部放置在各个私密空间里，让公共空间更显宽敞舒适。

预算等级
★★★★☆

缺 客厅的光线较弱，必须借助其他照明

缺 格局变动大，超过预算

优 动线修正，公共空间不必对应太多门片

优 满足女屋主拥有更衣室与中岛厨房的要求

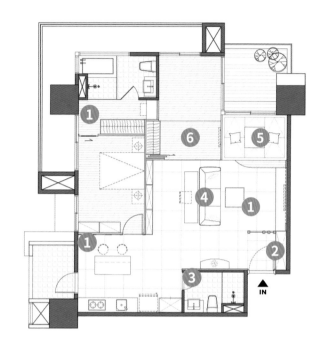

客厅、房间顺时针转 90°

公共区域升级为豪宅规格

❶ 房间 去除一房改为开放式中岛餐厨及增加主卧更衣间	❷ 玄关 设屏风避开穿堂风
❸ 卫浴 公共卫浴出口左移至另一面墙	
❹ 客厅 沙发180°转向，后方为开放式的书房	❺ 和室 架高木地板的泡茶区
❻ 次卧 加大面积，并改拉门设计做弹性使用	

除了卫浴及厨房厨具没有变动外，所有格局都改了。首先去除一房的空间，移给厨房及主卧，让厨房可以规划出能用餐的开放式中岛吧台区，而主卧则可以多出一间更衣室。

其次，则是将男屋主想要的泡茶区规划在客厅通往露（阳）台的中间，以开放式架高木地板处理，下面还可以做收纳箱。然后把原本的次卧拉长，改为拉门设计以弹性使用，并与茶室齐平，好让整个公共区域更完整。如此一来客厅深度够，便可以在沙发背墙再规划开放式书房兼上网区域。玄关则用屏风阻隔穿堂风问题。墙面再利用柜体及隐藏门收齐，让视觉统一，也感到舒适，当然，这样的规划，预算上也超出许多。

改善方案 **C**

★★★☆☆

优 格局变动小，维持良好的光线及通风

优 在预算内达成屋主的需求

优 客厅利用沙发背墙的大尺幅图片淡化深度的不足

隐藏式餐桌、有拉门的和室

开放多元使用

❶ 玄关 屏风区隔空间，也避开穿堂风问题	❷ 客厅 拉齐墙面及隐藏门打造完整电视墙	❸ 和室 增加格子拉门及升降桌，让空间有多种使用功能
❹ 厨房 增加拉门及厨柜收纳	❺ 上网区 书桌改为可隐藏式设计	❻ 次卧 起居区改为化妆台

　　在预算考虑下，屋主选择方案Ａ的空间规划，仅在小地方做调整，例如将泡茶和室区增加格子拉门及升降和室桌，以便在必要时能让和室独立使用。厨房增加灰玻拉门以防止油烟进入室内，但又不会阻碍光线进入。同时，屋主考虑在这里用餐或上网机会不多，因此原本的上网区书桌则改为可隐藏收纳式餐桌，在必要时放下来使用，让客厅可以视情况做弹性应用。

　　私人领域的空间，则在次卧把原本的起居沙发改成放置女屋主结婚时娘家送的三面镜化妆台嫁妆。中岛吧台没了，因此厨房增加一排收纳厨柜设计。

After

C 提案完工

　　在格局调整完成后，则改以按尺度比例关系，调整客厅深度不够的问题。运用沙发背墙的大图输出及大尺寸沙发，营造出大气感，也形成视觉焦点。至于在风格营造方面，则搭配不同的白色系为设计主轴，并在立面添加活泼元素及弹性空间运用，例如用进出私密空间的隐藏门树枝意象，融合和室墙面的欧洲街景，都在衬托出淡如水的自然舒适，也让空间可以倒映出不同时段的阳光，打造休闲度假风，传递出一种"自在、放松"的生活态度。

PROJECT **1**

玄关柜利用深浅，双面使用

同时满足"解穿堂""鞋柜"与"活动书桌"三重功能的新玄关，让空间有内外之分，还运用镜面让景深拉长了一些。

PROJECT 2

收齐房间与电视墙面

将电视墙面收齐房间门，辅以文化石，并用树枝意象的白色隐藏门片做对称设计，营造休闲氛围。

PROJECT 3

双面柜融合书桌与收纳

玄关以双面柜区隔空间，并用可隐藏收纳的活动餐桌，为空间功能增加弹性，而灰镜及白色板材穿插墙面则为公共卫浴的门片，与厨房玻璃拉门有增大空间之效。

PROJECT 4

视觉拉长景深

利用客厅沙发背墙的大幅风景画营造出空间大气感，半开放的和室设计引光入室。

架高和室具有多元的用途

角落的架高和室则是屋主喝下午茶、看书的最佳位置，纯白的格子拉门使人有安全感又能引光入室。升降和室桌则可使空间使用更具弹性，收纳功能完善。

造型门兼具主墙与入口功能

白色树枝意象的门片是通往主卧的入口，也是电视墙的一部分，因为客厅必须有相当的长宽比，才会显得大气。

PROJECT **7**

开放感的浴室加上帘幔

透明的主浴玻璃虽然使主卧十分明亮，但顾及屋主的使用习惯及隐私问题，因此规划蛇形帘，保有个人隐私性。

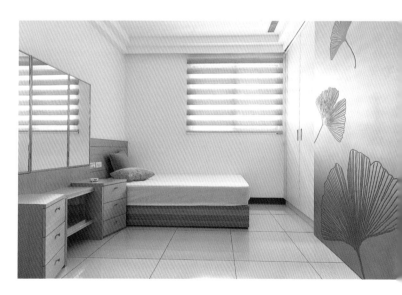

PROJECT **8**

次卧双床之间刚好放置梳妆台

次卧的双床中央空间改放三面镜化妆台，是女屋主的嫁妆，也是家庭重要的家具；衣柜拉门则采用激光雕刻设计，让房间不挂画也很活泼。

房间小、走道暗、入门很压迫
5 个房门使走道又长又零碎

🏠 **Home Data**　屋型｜新房／电梯大楼　面积｜99 平方米　格局｜2+1 房 2 厅 1 厨 2 卫

四房改 2+1 房、引光入走道
变身北欧温馨宅

建材｜日本硅酸钙板、F1 板材、文化石、茶镜、KD 实木皮、环保系统橱柜、ICI 涂料、超耐磨木地板、大金空调、全热交换器、窗帘、LED 灯具、进口壁纸

Before 屋况及屋主困扰

 玄关压迫： 有一根超过 100 厘米宽的超大柱体横亘在入门处

 走道阴暗： 通往房间的走道光线昏暗

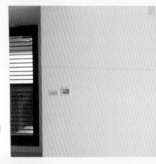

 厨房油烟： 油烟不易排掉，会被后阳台倒灌的风吹进室内

 无收纳： 房间狭小、收纳不容易安排

　　由于屋主夫妻两人都已上了年纪，想要搬进有电梯的房子，所以找到这间离公司近的电梯大楼住宅。屋主本身从事与日本贸易有关的工作，所以想要在家里设置一间和室房，女主人则要求要有充足的收纳功能及小书房，并希望留一间给在美国工作的女儿回来时休息的地方。

　　但建筑商所提供的 4 房 2 厅 2 卫的空间，却因为格局规划不佳，导致每个房间内部太小，很难使用。本空间主要居住人数只有两个人，并不需要 4 间房，因此依据屋主需求规划，做大幅度调整，除了保留卫浴及厨房空间不动外，将原本的 4 房改为 2 ＋ 1 房，并运用墙面规划强大的收纳功能，但又不会让人感到压迫，让空间使用率发挥到最大，也让动线变得流畅，引光入室，创造舒适的空间。

现场问题

1. 玄关横亘一根柱子，一进门就压迫感很重
2. 四房空间都很狭小
3. 厨房没有对外窗，油烟不易排除
4. 客房夹在两间卫浴中间，容易被干扰

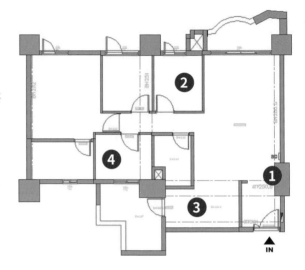

设计师策略总整理	# 1 种平面 ➜ 变出 3 种房间设计的方案

A

Step 1. 拆除小房间
顺着梁把面积分配给主卧与次卧，后面房间设成更衣室。

Step 2. 橱柜沿墙安排
各空间都有收纳设计，贴着墙面来安排，不阻挡光和通风。

B

Step 1. 标准三房配备
每间房间都有书桌与衣橱。

Step 2. 厨房改拉门
以半开放式拉门隔绝油烟，电器柜移到厨具对面。

C

Step 1. 主卧拆墙、不动房门
放大主卧室，有空间可以放衣橱。

Step 2. 架高和式房
地板下方设置收纳抽屉，拉门让光从窗外进到走道。

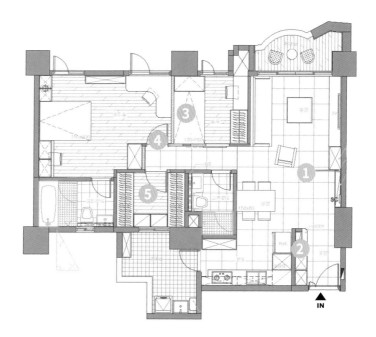

缺 床头压梁问题
缺 走道光线不佳
优 屏风设计避免穿堂风问题
优 客餐厅及厨房开放式设计

改动两道墙、放大主卧室

导引窗外光让走道变亮

❶ 玄关 玻璃屏风避免穿堂风	❷ 鞋柜 深度不同的柜体设计，满足收纳量并减轻压迫感	❸ 房间 去除一房，调整给主卧及次卧空间
❹ 主卧室 房门向右转 90°	❺ 客房 改成独立更衣室	

　　A方案是将主卧与客厅之间的两间小房拆除，分别并入主卧的书房及客房使用，且客房改为拉门设计，使走道不会有太多门片框架，并将夹在主卧卫浴及公共卫浴之间的房间改为独立的更衣空间，以便能有更多的收纳空间。厨房采用开放式设计，让客厅的光线得以从开放式餐厅进入到厨房。

　　反向运用门旁的大柱子规划走道端景的展示平台，串联至电视柜体，并在玄关及客厅之间用玻璃屏风避开穿堂风问题。而进门的左侧则规划整面的鞋柜收纳，与厨房电器柜体整合在同一墙面。

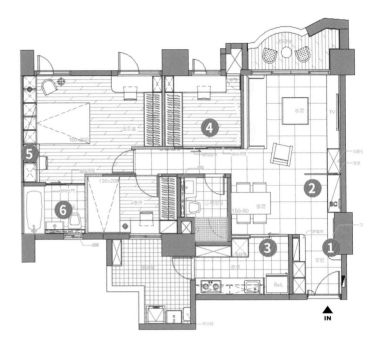

将一房改拉门、用平台整合结构柱

走道、大结构柱都"消失了"

❶ **主墙** 木作平台修饰超大柱体，串联主墙橱柜	❷ **玄关** 玻璃屏风解决穿堂风问题	❸ **厨房** 加装玻璃拉门，防止油烟往室内蔓延
❹ **客房** 改为和室及拉门设计，走道就有光线	❺ **主卧** 设计床头柜解决压梁问题	❻ **主卧卫浴** 缩小卫浴面积让给客房，并改隐藏拉门设计

　　B方案与A方案相比，空间配置变化不大，差别是去除1间房分配至主卧及和室客房，并架高和室客房木地板，书桌设计在窗边，让脚可以往下放，并运用玻璃拉门设计，让光线得以进入走道。

　　屋主有多用大火的烹调习惯，因此厨房改为玻璃拉门，同时为减缓大门入口的柱子压迫，运用一木作平台包覆柱体，并沿着墙面至餐厅的餐橱柜及电视柜做视觉统化，让墙面有延伸的视觉效果，且满足收纳功能。为解决客房被两间卫浴干扰的问题，运用橱柜区隔公共卫浴带来的潮湿及噪音问题。主卧床头运用柜体避开梁柱问题，主卧卫浴用玻璃拉门，让光线可以进入主卧，彼此支援。

优 架高和室的玻璃拉门引光入走道

优 木作平台包覆柱体减缓入门压迫

优 收纳功能最强

优 后阳台设备对调位置，空间更大更好用

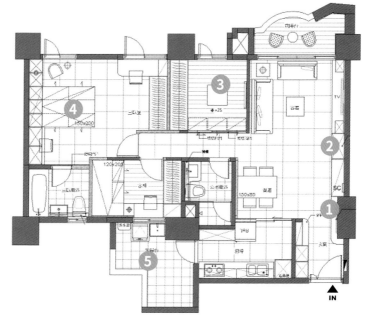

3 房配备 + 地面下设收纳柜

光线好、空间使用更加灵活

❶ 玄关 不设屏风，让公共区域完整宽敞	❷ 客厅 运用高低柜规划统整结构柱，使墙面有变化	❸ 和室 架高木地板至 25 厘米，增加抽屉收纳能力
❹ 主卧及客房 床底下增加收纳功能	❺ 后阳台 将工作配置 180°换位置，晒衣区更宽敞	

　　由于屋主很喜欢 B 方案的和室及主卧的规划，因此以 B 方案为基础，再加以调整过的 C 方案做最后定案，变动的地方包括：去除屏风，让客厅光线得以进入玄关、加高和室高度下方做收纳柜，并去除和室的书桌，改以活动桌使空间使用更灵活，拉门的设计也让走道的长度感觉变短一些，调整后方工作阳台的配置，让空间使用更方便等等。

　　另外针对电视柜及餐橱柜设计成高高低低的不对称的平衡设计，不但增加功能，也让整体空间视觉有变化及层次感。

C 提案完工

　　按照B方案去除一间房分配至主卧及和室客房，并架高和室客房木地板，书桌设计在窗边让脚可以放下，并运用玻璃拉门设计，让光线得以进入。还加上改用活动桌使空间使用更灵活，拉门的设计也让走道的长度感觉变短一些，调整后方工作阳台的配置，让空间使用较方便等等。

PROJECT **1**

用延伸感削减柱子压力

大门入口右侧设计实木展示平台延伸至玄关与客厅之间的大柱子，充当扶手外，也可与玄关鞋柜对应，同时也将阳台上的绿意和阳光带入居家空间。

PROJECT **2**

平衡运用"开放式收纳"和"隐藏式收纳"

将电视主墙延伸至餐厅及玄关设计收纳高低柜,不但界定空间,
也满足收纳功能。电视墙的文化石设计突显简约北欧风。

PROJECT **3**

透明拉门缓和与餐厅间的关系

开放式客餐厅,使光线通风良好,
同时厨房运用玻璃活动拉门开合,
可视情况弹性使用,不怕一时厨
房凌乱,以创造全家幸福感。

PROJECT **4**

利用颜色和建材点亮空间

在餐厅主墙利用线板搭配彩色画
作,再配上实木餐桌椅、造型天
花板,营造丰富的空间层次。

PROJECT 5
地板下的收纳必须是抽屉式才好用

去除一间房将空间分给主卧及架高和室，和室底下做抽屉，可以收纳外，空间弹性使用更灵活。

PROJECT **8**

快速干净的系统柜设计

运用系统橱柜规划全功能客房，不但收纳功能充足，生活也更舒适。

PROJECT **7**

大幅拉门隐藏浴室位置

主浴室采用隐藏门，解决客户不喜欢浴室对着床的问题，整体温馨舒适，是主人最赞赏的。

PROJECT **6**

床头壁柜联结书桌设计

将 2 间房间隔间打掉区分主卧室空间，男女主人书桌、化妆台独立使用彼此不影响，又有大型衣柜，收纳功能更佳。

多梁柱的招待所改成住宅
走廊长、水电不足，使用很不方便

🏠 **Home Data**   **屋型** | 旧房／电梯大楼   **面积** | 231 平方米   **格局** | 3 房 2 厅、1 泡茶区、1 工作

一墙整合电视、隔间与视听房
以壁炉为中心的气派宅邸

建材 | 日本丽仕硅酸钙板、F1 板材、E0 健康系统橱柜、立邦漆、LED 灯、彩绘玻璃、壁纸、窗帘、正新气密窗、国堡门、大金空调、TOTO 卫浴设备、樱花厨具、实木地板

 水电不足：商业用招待所改为住宅，格局或水电管路等都不敷使用。

 入口太多：从电梯间出来有三个入口通往室内不同地方，不易规划。

 中央梁柱：卡在客厅中央的梁柱

 长走廊：以部门划分隔间，造成浪费的长走道

改造前是某公司的私人招待所，建造于 20 世纪 70 年代，内有电梯、壁炉，记录着中国台湾商业贸易最辉煌的年代。然而时过境迁，至今已是超过 40 年的老房子，优点在于地段及面积和一层一户的建筑条件。屋主希望能规划出气派舒适的客餐厅、厨房、办公区、独立的更衣空间及卫浴，用来招待亲朋好友。

室内中央区域有六根大柱子，除位于公共空间的第五个柱体较难以处理外，其他均可透过隔间或柜体虚化。基地三面均有光线，中央的壁炉有其历史背景，因此设计师跟屋主讨论后将其完整保留，并成为空间风格的设计主轴。

运用二进式玄关统整成单一入口处，在处理完水电管线的基础工程后，紧接着强化壁炉的安全性，只保留结构体，加深炉子深度，并找耐烧的防火文化石砖由内至外全部重砌，以此为中心点将客厅定位。而客厅的梁柱成为一个分割点，加上柜体，作为客厅及办公区域及泡茶休息区的分割线，进而发展出两种平面布局。

Before

 现场问题

1. 梯间有三个入口进入室内
2. 客厅中间有柱子
3. 招待所动线与卫浴位置均不适合住宅使用
4. 餐厨空间与客厅被走道分开，关系太独立
5. 房间过小

设计策略总整理

1 种平面 ➜ 客餐厅、厨房不同定位的 2 种提案

A

Step 1. 电视墙右转 90°
把电视墙换到大门方向，招待区变出 L 形吧台。

Step 2. 餐厨房变长形
拉成长形的餐厨房，变出超大工作阳台。

B

Step 1. 客厅、厨房共用一墙
以厨房隔间墙合并电视墙，厨房内还可以有中岛。

Step 2. 重新分配门边的公共卫浴
缩减一间，多出书房兼视听室。

改善
方案
A

预算等级
★ ★ ★ ☆ ☆

缺 缺 优 优
公私动线区隔不明显，有可能相互干扰 共用卫浴离房间太远，使用不方便 以客厅为轴心的回字动线串联每个空间 隔间及橱柜设计虚化柱体

右转 90°的电视屏风新定位
客厅采用回字动线串联每个空间

❶ 大门 统一入口，规划二进式设计	❷ 客厅 背向大门的电视墙屏风区隔动线	❸ 客厅 以壁炉、电视柜为空间中轴规划
❹ 休憩区 用柱体规划矮柜，区隔泡茶、办公区	❺ 餐厅 独立的餐厅及厨房，中间再以拉门区隔	❻❼ 卫浴 门边 1 间卫浴改成 1.5 间卫浴
❼ 收纳 多 1 间储藏室		

　　将客厅坐向朝向玄关，建立半高屏风为电视主墙，就可以容纳两座大型沙发。沙发后方设为男主人需要的泡茶区，L 形的吧台联结半腰柜体，顺势将位于空间中的柱体收整隐藏。

　　将卧室空间都稍微缩小一点点，把面积让给公共区域，就是希望家人可以常聚在一起，壁炉旁的空间还可以自成一区，有欧洲家庭晚餐后在壁炉旁喝点小酒的浪漫情怀，这种格局的优点是让厨房封闭起来，不怕炒菜的油烟蔓延进客厅。

预算等级
★★★★☆

缺 预算较高

优 三间完整卫浴，床有双边走道

优 统一视听机电，维修很方便

优 客餐厅、厨房及工作阳台以拉门串联

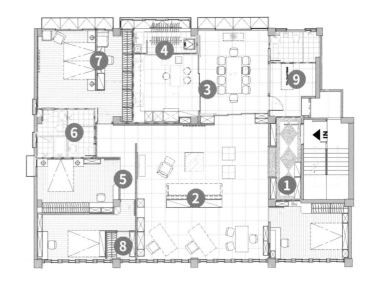

统整客餐厅隔间为电视墙
中岛吧台、视听房好用又方便

❶ 大门 两进式玄关	❷ 客厅 电视机与客厅柱体成中轴线规划	❸ 餐厅 餐厅及厨房对调，并用拉门设计
❹ 后阳台 退缩出工作阳台	❺ 公私分开 清楚的私密动线	❻ 卫浴 三套卫浴设备
❼ 更衣室 以屏风将主卧与更衣空间区隔	❽ 多功能 女儿房多一间更衣室	❾ 视听房 门口卫浴区多设一间书房兼视听房

同样是二进式玄关及将私密空间分散在四周，公共空间在中央的配置，重点在于客厅方位及餐厨空间设计不同，让整个空间格局及动线有所改变。

大胆将客厅转向90°，把餐厅及客厅的隔间墙作为电视主墙，并将电视机与客厅柱子拉成一条直线，以大理石营造出大气的氛围，也因此壁炉与客厅关系变得更为密切。而原本的餐厨空间对调，设计成半开放式空间与客厅串联，并在三者之间采用玻璃拉门设计，一方面让光影穿透，另一方面又保有隐私。为方便使用工作阳台，也将厨房及中岛内缩，让每个空间可以更灵活地使用。

B 提案完工

因为客厅调整后，左侧的私密空间不只加大，更有了一条专属动线，再顾及原本的卫浴位置太远，所以将私密动线的卫浴集中并规划为二间，餐厅动线上有一间公共卫浴，让客人使用更方便。

PROJECT 1

二进式玄关设计

从电梯出来的二进式玄关设计，装饰的寿山石、国画壁面及大理石地砖，突显出这个大气又是积善之家的氛围。

PROJECT 2

三重功能的主墙面

大理石电视墙既能整合电路功能，也是区域界定，更是动线引导。

保留 20 世纪 60 年代的壁炉为空间中心

以壁炉为设计中心，选用防火砖文化石打造，兼顾安全及美观，营造带点乡村风格的现代住宅，并以柱体切割客厅及办公区域。

双扇弹性拉门，串联餐厨房与客厅

餐厅及厨房运用玻璃拉门设计，在必要时可以开阖，创造空间的最大弹性。

亮与雾面的建材对比

电视墙运用大理石的精致光滑与壁炉的文化石的粗犷，以白色与红色对比手法营造出大气空间的质感。

PROJECT **6**
开放式餐厨房

餐厅与厨房采用开放式设计，仅以中岛界定，冰箱旁为整合的电器柜，所有电路集中在此，并以夹砂玻璃拉门与客厅区隔。

PROJECT **7**
东方风味的泡茶区

泡茶区陈列了屋主收藏的珍贵茶壶，搭配实木桌椅，更添人文气质。

PROJECT 8

各种风格的儿童房

因基地本身条件不错，使得每个
空间都能拥有自然光线及通风。

PROJECT 9

儿童房以系统柜 +
轻浅的颜色

虽然每间卧室的面积不大，但
功能却十分充足，包括书桌、
书架及衣柜、床头柜等，都是
以系统柜形式打造。

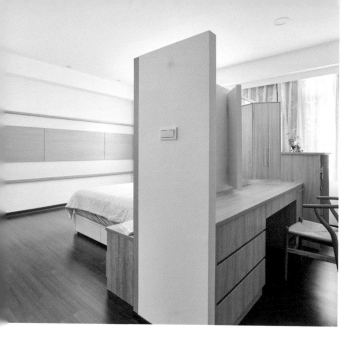

PROJECT 10

主卧室屏风担任中界工作站

主卧运用屏风的概念将空间划分出化妆更衣区及睡眠区，不只满足功能，也将比例过长的主卧重新界定。

PROJECT 11

以玻璃砖打造小窗，给卫浴带来舒适感

公共卫浴的壁砖与客厅、卧房相呼应，加强整体美感；上方玻璃砖让卫浴空间维持空间通透性且不死板。

双厨房、双阳台，却隔不出四房
公共领域过大造成的缺点

🏠 **Home Data** 屋型｜新房／电梯大楼 **面积**｜132 平方米 **格局**｜3+1 房 2 厅 3 卫双厨房（轻

只拆一道墙、主客卫浴互换
华丽变身四房新古典功能宅

建材｜大理石、日本丽仕硅酸钙板、F1 板材、E0 健康系统橱柜、线板、水晶灯、LED 灯、ICI 涂料、
壁布、玻璃、窗帘、壁纸、抛光石英砖、实木地板

 大门位置：大门直对落地窗，有穿堂风

房间不够：想要多一间书房与卧室

 隐私不足：一进门即看到所有的门，特别是厕所门，有碍观瞻

 主卧室：床头方向朝向卫浴，还想多一间更衣室

　　屋主由于孩子渐渐长大且能独立上下学，想换一间较大的房子，给家人提供更好的居住环境，因此在近郊购买了这间新房，无论是往返机场或进市区办事都方便。这间新房四周环境安静纯朴，室内空间规划也十分宽敞，而且视野不错，建商还配备了轻食及热炒双厨房设计，十分符合女屋主的使用需求，但等实际过户后，才发现格局规划有问题。

　　如果先不考虑屋主所遇到的生活困扰，住宅整体的空间光线及通风是不错的，所以建议在预算有限的情况下，新房应以保留建筑商赠送的厨具及卫浴设备为佳，并在少动空间配置的情况下，调整格局及动线，例如清楚划分公共动线及私密动线，在原本过大的客厅空间设计出一间儿童房及书房，以符合使用需求。运用设计手法化解各种问题，增加收纳功能，打造一间新古典风格功能宅。

Before

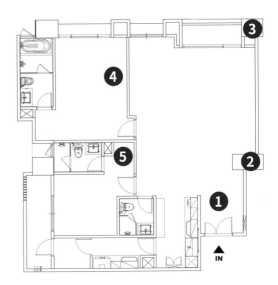

现场问题

1. 大门直对落地窗，有穿堂风问题
2. 入门的公共空间有一根大柱子
3. 公共空间过大，才 2 间房，不符合一家 4 口居住需求
4. 所有私密空间的房门一览无遗，视觉不佳
5. 畸零空间太多，不好规划

设计师策略总整理

1 种平面 ➜ 提出电视墙方位不同的 2 种方案

A

Step 1. 房门转向
让更衣室离门口有缓冲距离，进出动线顺畅。

Step 2. 收齐结构作为主墙
新建电视墙作为主墙与儿童房、书房共用，并收齐建筑结构。

B

Step 1. 房门退后
主卧室房门退后，与次卧共用动线，空间变宽敞。

Step 2. 两间卫浴属性互换
客浴、次卧浴室互换，使次卧室变成长形，畸零角落消失。

改善
方案
A

预算等级
★★★☆☆

优 由原本 2 房增加至 4 房＋更衣空间

优 运用屏风及走道设计解决穿堂风问题

缺 女孩房一进门即见卫浴门

缺 走道过窄，又比较暗

主卧门转向、卫浴属性互换

减少房间畸零角落

❶ 玄关 柜体及屏风修饰柱体，避开穿堂风	❷ 餐厅 缩短厨具，让餐厅有足够面积	❸ 客厅 收齐落地窗，拉出主墙，并入儿童房入口
❹ 次卧 让出畸零区，并将小浴室包进来	❺ 主卧 改门向，与次卧形成共同动线	❻ 衣橱 双面柜体错开隔间，满足各自收纳需求

　　考虑到屋主的要求，在格局及动线配置上，必须先思考完善，再进行规划。由于客厅过大，因此顺着柱体切割出一间独立的儿童房及书房。并依其墙面规划电视主墙，界定客厅方位及空间。再利用一进门横亘在客厅及玄关之间的柱体设计成玻璃屏风，成为玄关端景，也避开穿堂风问题，并运用从门口延伸的大型收纳柜体修饰掉原本厚实的柱体，在空间幻化为无形。

　　同时也运用这根柱体延伸的天花梁柱，串联至公共卫浴间，形成一条通往私密空间的动线，联结书房、主卧及另一间儿童房。运用拉门弹性区隔轻食厨房及餐厅，让公共空间的视野较为开阔，也让光线和空气在空间里流动。并应女屋主需求，在主卧规划出更衣间与主卧卫浴串联。

改善方案 B

预算等级
★★★☆☆

缺 收纳量比A方案少

优 加大私密动线，明亮

优 运用屏风及走道设计解决穿堂风问题

优 只改门向就增加至 3+1 间房＋更衣间，使串联的每个走道变

用沙发背墙设计 1+1 房

退缩房门让走道空间更宽广

❶ 玄关 透光屏风向客厅推进，加设端景台	❷ 客厅 沙发 180°换边，背墙区隔男孩房及书房	❸ 男孩房 从书房进出，保留沙发背墙完整大气
❹ 主卧 退缩主卧房门＋改门向，让走道变宽敞	❺ 次卧 往左平移次卧房门，不再直视卫浴	❻ 墙加厚 主卧床头与卫浴隔离加厚避水气
❼ 餐厨 开放式餐厨设计		

　　B方案最大不同在于，将电视墙翻转180°后，以沙发背墙作为儿童房及书房隔间，动线由书房进出，形成"3+1"房的形式。如此一来就可以将通往私密空间的走道变宽一点，调整原本主卧入口的长廊动线以及次卧女儿房原本一入门即见卫浴门的视觉尴尬。将玄关屏风向客厅推进，加大玄关及餐厅界定范围，让一进门的视觉开阔。餐厅及轻食厨房采用开放式设计，让彼此关系更密切。

　　由于两方案的预算差异不大，因此在几番考虑之下，屋主最后选择了B方案，并且调整主卧，设计15厘米床头，以跟卫浴做区隔，避免相互干扰。

B 提案完工

在将电视墙翻转 180°后，以沙发背墙作为儿童房及书房隔间，由书房进出，形成"3+1"房的形式。其他则是使用 A 方案中的玻璃屏风界定玄关与客厅关系，并用玄关柜修饰掉厚实柱体，开放式轻食厨房与餐厅串联，主卧有独立更衣室串联卫浴等等。

PROJECT 1
玻璃屏风、拼花地坪打造延伸感

入门处，运用玻璃屏风解决穿堂风问题，并重新界定出客餐厅空间区域及合理比例，解决公共区域过大而无当的状况，漂亮的地坪拼花更让玄关有延伸感。

PROJECT 2
以大理石平衡古典风格

整面坐落的雪白大理石电视墙，搭配左右两侧对称玻璃展示柜，间接照明的天花设计划分出空间区域，透过层层分明的线条感营造出大气古典的氛围，也带出居家的人文色彩。

PROJECT 3
以地坪材质划分开放的空间区域

同时运用不同地坪界定区分餐厅与玄关各自的领域，考虑到屋主使用习惯，设计大面收纳柜体，从玄关延伸至餐厅，满足屋主所需的收纳量。

PROJECT 4

主墙以金色镜面镶边，层次细致

餐厨空间采用开放式设计，让空间显得通透明亮，在摆放餐桌那面墙使用进口壁纸及茶镜，吊挂水晶吊灯营造出视觉焦点，也利用镜面反射放大了空间感。

PROJECT 5

将大梁修整在天花板内

运用天花修饰横亘在走道上方的大梁，同时让其成为私密动线的引导。大片拉门设计为书房的入口。

PROJECT 6

尽量使用通透性建材

从餐厅向客厅望去，再搭配玄关玻璃端景，营造通透明亮的视觉效果，并用造型天花及拼花地坪界定区域。

书房 + 儿童房 二连通设计

通过书房进入另一间儿童房，二进式的设计手法，保有私密空间的隐私外，也让书房兼为孩子的游戏间，使用更灵活。

直线条设计柔化床边橱柜

运用直线条营造次子房的童趣氛围，并运用转角层架设计，放置孩子自做的模型展示。

以造型壁隔离床头与浴室

除了卫浴通过更衣室进出，避免水气直对外，更将主卧床头与卫浴墙隔离约 15 厘米，让彼此不会干扰。

橱柜以错落式安排增添趣味

另一间儿童房则以壁布床头及藕色搭配出浪漫氛围，并用系统橱柜规划整齐的衣橱收纳及书桌、展示平台。实木百叶可调整光线，改变室内氛围。

维持原有的三房两厅
拥挤的空间满足收纳、预算双要求

🏠 Home Data　屋型│新房　面积│69.3 平方米　格局│3 房 2 厅 1 厅 2 卫

一体成形系统橱柜、马卡龙跳色
不改格局的小宅放大术

建材│环保系统柜、ICI 涂料、LED 灯具、茶玻、灰镜、窗帘、木地板

 宽度不足：客厅狭窄，但又不想改动格局。

 无隐私：一进门就看到所有房门。

 结构落差：空间内横梁多、墙面不齐。

 无收纳：房间狭小摆不下橱柜。

　　为了孩子的学区，从事资讯业的屋主一家四口搬到这栋新住宅，希望为孩子打造优良的学习环境。然而不到 70 平方米的面积，虽然规划成 3 房 2 厅 2 卫，事实上每个空间都很拥挤，如果买现成的橱柜家具，根本摆不下。特别是客厅的宽度才300 厘米、梁下只有约 250 厘米的高度，感觉十分压迫。当然高楼层的室内除了餐厅无对外窗外，其他空间均有窗景，光线通风良好，屋主希望在不动格局的情况下，能营造出家的温馨氛围及大量收纳功能，同时还要有陈列孩子的画的地方。

　　运用专业的系统橱柜及少许木作做整合，设计师创造出三种安排方案，将空间特色发挥出来，例如：在卧室内，将书柜、衣柜与小孩床都搭配系统柜，小小空间也能有大收纳功能，同时，利用空白墙面挂上孩子们的画作，陈列立体美术作品，希望保留满满的成长记忆。其次，通过色调统一及镜面，让小面积发挥最大功能效应，便可以打造出屋主想要的"家"的氛围，也让空间更为开阔。

 现场问题

1. 客厅太过狭窄，且挑高不高，造成视觉上十分压迫
2. 公共区有两根梁位于奇怪的地方
3. 必须维持 3 房 2 厅格局，使每个空间十分拥挤
4. 一进门即看透窗与各个房门，产生视觉尴尬
5. 墙面有落差，又被 5 个房间门切短，不好使用

设计策略
总整理

1 种平面 ➜ 不动格局的 3 种功能配置方案

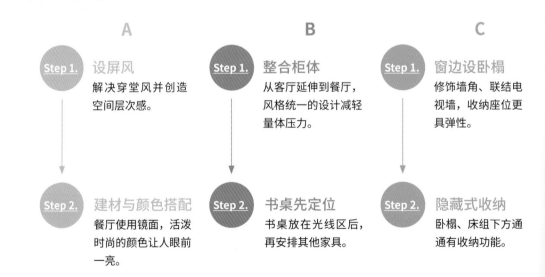

A

Step 1. 设屏风
解决穿堂风并创造空间层次感。

Step 2. 建材与颜色搭配
餐厅使用镜面，活泼时尚的颜色让人眼前一亮。

B

Step 1. 整合柜体
从客厅延伸到餐厅，风格统一的设计减轻量体压力。

Step 2. 书桌先定位
书桌放在光线区后，再安排其他家具。

C

Step 1. 窗边设卧榻
修饰墙角、联结电视墙，收纳座位更具弹性。

Step 2. 隐藏式收纳
卧榻、床组下方通通有收纳功能。

改善
方案
A

预算等级
★ ★ ☆ ☆ ☆

缺　鞋柜在屏风后方，收纳不便

缺　公共空间容纳人数及收纳量有限

优　系统橱柜满足床组、衣柜及阅读区

优　有屏风修饰进门的视觉

大门设屏风与餐厅采用镜面主墙

营造视觉转圈放大效果

| ❶ 玄关　屏风区隔外来视线 | ❷ 餐厅　镜面主墙，放大空间感 | ❸ 男孩房　系统柜组合出"上床铺、下书桌及衣柜" | ❹ 主卧　床组、书桌及衣柜收纳机制都齐备 |

　　A方案的设计重点在于屏风的配置，以避开入门穿堂风，其次就是依照屋主提出的比较传统的空间规划概念，例如"3＋1＋1"的沙发组及对称的电视柜去满足客厅功能需求。至于餐厅，则运用镜面主墙反射扩大空间感，让这个无光线的空间通透明亮，并串联至各个空间动线主轴。

　　将每个房间所有功能设计在无采光的墙面，并运用系统橱柜将使用需求及收纳功能结合，例如最小的男孩房，运用上为床铺，下为书桌及衣柜的概念整合，让小空间使用功能最大化，至于主卧及女孩房，在睡眠区的床组之外，也规划阅读区的书房及衣柜收纳，让公共空间的收纳功能分配至每个房间里。

改善
方案
B

预算等级
★★★☆☆

缺 优 优 优
餐 将 将 一
橱 电 儿 进
柜 视 童 门，
使 柜 房 视
餐 与 书 野
桌 餐 桌 串
变 橱 对 联
小， 柜 窗， 客
会 结 避 厅
压 合， 免 及
迫 收 压 餐
男 纳 迫 厅
孩 变
房 多
及
主
卧
动
线

电视主墙及餐橱柜采用 L 形结合

提升公共区域收纳功能

❶ 玄关 没有屏风区隔， 公共空间视野更大	❷ 客厅 将电视柜与餐橱 柜结合，收纳变多	❸ 柜体 客餐厅转角用圆 弧修饰
❹ 阅读区 所有房间的阅 读区域都面对窗户	❺ 卧室 全套备有床组、 书桌及衣柜收纳机制	

　　没有玄关及屏风的 B 方案，让鞋柜与系统橱柜结合，成为走廊端景，电箱则用挂画修饰。将电视柜与餐橱柜结合成一组 L 形柜体，加大公共空间的收纳功能，顾及家人活动安全及一进门的视觉不会因为面对直角而感觉太过尖锐，因此在客餐厅的转折处，以圆弧形造型的柜体修饰。

　　至于儿童房，则依屋主需求，将阅读区域依窗规划，再用系统柜体整合出床组及衣柜收纳，满足功能需求。不过也因为多了餐橱柜空间，多多少少会挤压到动线的宽度，尤其是进出男童房及主卧室的动线，只好把餐桌缩小成方桌以符合需求。

改善方案 **C**

预算等级
★★★☆☆

优
主墙镜面反射加大空间感

优
客厅卧铺与电视柜结合，收纳、功能多

优
放大

优
少屏风，视野串联客厅及餐厅，空间感

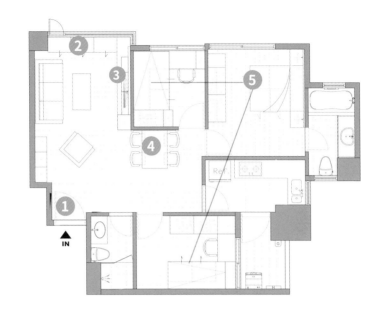

增加窗边卧铺串联电视主墙
收纳、座位一次满足

❶ 玄关　不设屏风区隔	❷ 客厅　地窗设计卧榻，使用更弹性	❸ 电视墙　串联卧榻 + 电视墙轻薄化
❹ 餐厅　运用彩色主墙及镜面设计放大空间感	❺ 床组　床组下方设计抽屉，增加房间的收纳功能	

　　保留原始餐厅空间，只在主墙上以色墙及对称灰镜打造，放大空间感外，中间还可以挂上孩子的画作。如此一来，餐厅也不会显得拥挤，也不容易压迫到男孩房及主卧进出动线。

　　至于私密空间，采用 B 方案将阅读区临窗边，利用系统柜设计一组串联衣柜、床组及书桌的设计，并在转角或下方设计收纳抽屉或层板，大大节省使用空间，也增加一倍以上的收纳功能。

After

C 提案完工

　　最后采用Ａ方案的公共空间，搭配Ｂ方案的私密空间规划，调整出最理想的方案，例如：在客厅的落地窗边设计可坐卧的卧榻，让亲朋好友来访时有地方可以坐，也方便家人在此观景聊天；而卧榻下方则设计抽屉收纳，并串联至电视平台及柜体，并将电视机上方柜体轻量化。

PROJECT 1
电视柜延伸窗边卧榻收纳功能

空间小，收纳集中，将客厅电视机下柜延伸至落地窗成为Ｌ形卧榻，可欣赏美景，加大客厅容纳人数，而下方抽屉收纳物品、角落摆放装饰。主墙柜体的缺口设计使视觉感轻盈化。

PROJECT 2
色墙跳色为空间带来活泼感

为满足屋主想要的温馨氛围，全室运用较沉稳的胡桃木色地板铺陈，在客厅主墙及餐厅主墙上，各自用暖调的浅橙橘色搭配冷调的蓝绿色，铺陈如马卡龙的时尚色调。在餐厅主墙上运用对称的两条灰镜与蓝绿色主墙形成冷调对比，同时通过镜面反射，放大空间感。

PROJECT 3
利用挂画作隐藏机柜

玄关柜与餐桌、主卧门及主卧卫浴同为空间的纵轴线，因此设计悬吊式玄关鞋柜成为餐厅及走廊端景，底部木板刻意架高 3 厘米，作为摆放外出鞋子的区域。墙角隐藏嵌入挂画线沟槽，可视情况放置孩子的作品。

PROJECT 4

床柜桌一体成形，功能收纳兼顾

女儿房利用系统柜一体成形的设计，将收纳及功能做足，尤其是书桌旁的开放式书柜中，更隐藏一个可抽拉的化妆镜，满足女儿的使用需求。

PROJECT 5

隐藏式化妆镜增加功能性

由于每个房间都小，所以利用系统柜一体成形将收纳及功能做足，包括床组、书柜、书桌、衣柜等等，床下也有收纳功能。

PROJECT 6

主卧功能强大的收纳衣柜

想要维持公共空间的开阔视野，很多功能及收纳必须移至私密空间处理。方形主卧室难以设计更衣空间，因此利用有强大内部功能的衣柜，将男女主人的物品好好收纳。

不规则玄关＋大门 45°角
空间零散、入门见炉灶

🏠 Home Data　屋型│旧房　面积│89.1 平方米　格局│3 房 2 厅 1 厨 2 卫

系统柜修饰角度、隔间简化
将空间使用率加大两倍

建材│抛光石英砖、正新气密窗、ICI 涂料、玻璃、茶镜、F1 板材、F1 环保系统柜、
超耐磨木地、木纹水泥板、实木皮、窗帘、雕刻板、LED 灯、国堡门、大
金空调、TOTO 卫浴设备、樱花厨具

 不规则: 大门斜 45 度角，一眼看到厨房、玄关不好用

 奇怪隔间: 内部隔间不理想，造成零碎空间多

 壁癌: 房子老旧，又有壁癌

 畸零角落: 空间有很多建筑造成的缺角，不好用。

　　谁都想买方正格局的房子，但有时在大部分条件都不错的情况下，面对不规则格局，也只能想办法克服。就像本案，位于内湖旧社区大楼，学区好、生活配套设施便利，每个房间都有窗户，只是入口不正，又仅是"2+1"房，屋主还是希望能改为 3 房。

　　入口玄关到客厅之间，因建筑基地的切割问题而呈现不规则的梯形，让空间怎么规划都显得零乱，光放鞋柜就会阻碍原本的光线，且 45°角的入口，视线很容易看见厨房，还有临西边的窗边及墙面有严重的壁癌。

　　顾及现实的装修预算，在少动格局思考下提出二个解决方案：一个是不动墙面，仅通过玄关柜及电视柜的整合，拉齐所有空间，变成方正格局便于使用，并运用家电规划避开入门见厨房的视觉尴尬。另一个设计方案则是玄关柜朝厨房方向做 L 形延伸，并将原本的客房及厨房对调，更改通往后阳台的进出口，解决入门见厨房的问题，虽然预算高了些，空间使用会更宽敞舒适些。

现场问题

1. 入口处的不规则地基，使用功能难以规划
2. 没有完整的电视墙面，规划十分零乱且阻碍光线
3. 客房的架高区有难用的地板下收纳区，以及三个阶梯浪费附近的空间
4. 主卧有床头梁柱问题，且窗边墙面有壁癌
5. 大门的视线会对到厨房
6. 有许多突出窗或畸零空间不好利用

设计策略总整理

1 种平面 → 提出更改与不更改格局的 2 种方案

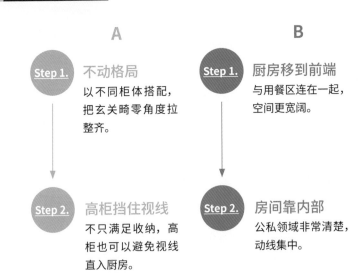

A

Step 1. 不动格局
以不同柜体搭配，把玄关畸零角度拉整齐。

Step 2. 高柜挡住视线
不只满足收纳，高柜也可以避免视线直入厨房。

B

Step 1. 厨房移到前端
与用餐区连在一起，空间更宽阔。

Step 2. 房间靠内部
公私领域非常清楚，动线集中。

预算等级
★ ★ ☆ ☆ ☆

缺 主卧床头对窗感觉太亮

缺 女孩房独立在公共区域，隐秘性不足

缺 增加鞋柜及餐柜，却隔断客餐的光线

优 只改厨房动线，避开入门即见炉灶问题

优 仅用系统橱柜收整畸零角落

不改动格局，拉长柜体调整
改变不良玄关、厨房及客房

❶ 玄关 用穿鞋椅及衣帽间修改不规则格局	❷ 客餐厅 用鞋柜及餐厨柜区隔，增加收纳功能	❸ 厨房 更改进出动线，避免大门直视厨房
❹ 女儿房 去除原本客房架高地	❺ 卫浴 全做干湿分离	❻ 主卧 调整主卧床头位置避免压梁

　　A方案是以屋主的需求为规划蓝本，因此运用穿鞋椅及衣帽间，结合电视柜体修正了玄关不规则的格局。修改厨房进出动线，以鞋柜及餐厨柜避开原本大门45°角看到厨房的视觉尴尬。

　　而原本架高木地板的客房因天花板高度不高显得有些压迫，下方的收纳空间使用上也不方便，所以在设计上将此房间拆除后规划为独立的女孩房，使空间由原本的"2+1"房改为屋主希望的3房，且使用面积跟男孩房一样，以示公平。为解决壁癌问题，室内与外墙墙面都重新施作防水工程，并在主卧窗边设计出书房空间，结合衣柜做收纳区域，并调整主卧床头面对窗户，避开压梁问题。

缺 优 优 优 优
预 公 取 系 对
算 私 消 统 调
增 领 无 收 女
加 域 用 纳 孩
  各 的 柜 房
  自 三 整 及
  清 阶 合 厨
  楚 梯 墙 房
  ， 的 边 ，
  动 面 畸 避
  线 积 零 开
  集 给 格 45°
  中 后 局 角
    阳 及 入
    台 梁 门
      柱

将女孩房及厨房对调
使用空间变得更大，亲子关系更亲密

❶ 玄关　运用穿鞋椅及衣帽间修改玄关的不规则格局	❷ 厨房　180°与客房对调位置，完全解决大门45°角问题	❸ 走道　利用厨房走出的走道设计橱柜
❹ 后阳台　后阳台门口改向90°，加大空间	❺ 卫浴　全做干湿分离	❻ 主卧　用系统收纳柜整合的主墙将梁柱隐藏
❼ 室内墙　重新施作防水工程，并修正畸零空间		

　　小动格局的 B 方案，主要针对位于中间位置的厨房与女孩房对调的可能性。改动后，所有有关45°角入门所遇到的问题马上得以解决。同时因为厨房的改动，使得后阳台的使用空间变大了，方便女主人使用。厨房门口的走道正好可以与玄关串联，将收纳功能全部整合在此，又不影响原本窗户的设置，让光线及空气都可以在空间流通。

B 提案完工

通过 B 方案的统整，设计上注重加大空间感与简化线条，因为将公私领域划分得十分清楚，尤其是开放式的公共空间，让空间视野更为开阔，以餐厅为空间动线的枢轴核心，也让家人关系更紧密。

PROJECT 1

运用系统橱柜整合不规则玄关

原本的玄关入门处是不规则的形状，但通过系统橱柜的整合，例如一进门右侧的穿衣镜、衣帽间整合电视柜，入门左侧则是穿鞋椅加上鞋柜与餐橱柜串联，不但将原本畸零空间拉平整，也不影响光线及通风。跳色的整面电视主墙，除了为客厅活动区注入了温馨活泼的氛围，也将玄关与客厅做出明显的区分。

PROJECT 2

玄关落地镜反射放大空间感

玄关的落地茶镜除了有穿衣镜功能外，亦有放大空间格局及巧妙地将玄关窗户光线带入室内的功能，并透过镜面反射让空间多了趣味感。

PROJECT **3**

以餐厅为空间动线主轴，采用全开放式设计

顾及屋主想要的亲密亲子关系，因此打破传统的客厅是一进门的视觉主角的惯例，改将餐厅设置在玄关端景处，不但修正入门45°角的视觉问题，更成为公私区域汇集的中点，更是一家人时常团聚话家常的情感交流场所。

PROJECT **4**

将厨房与女孩房对调，拉门采用激光雕刻

原本2+1的架高客房因天花板高度不高显得有些压迫。设计上将此房间拆除后规划为厨房，原本厨房变成女孩房，满足屋主希望的3房。在拉门门片上运用玻璃及激光雕刻板呈现，为空间带来优雅的线条美感，同时也保留了原本厨房的功能并加大了后阳台空间。

PROJECT 5
床头设壁柜隐藏梁柱

系统收纳柜整合的主墙将梁柱隐藏起来，避开了原本梁压床的问题，而且整个墙面拉平，床头的跳色营造了些许浪漫气氛，也与客厅电视主墙相呼应。

PROJECT 6
施作防水工程 + 木纹水泥板

原本主卧空间，窗边墙面的壁癌也让屋主很头痛。设计上室内与外墙墙面都重新施作防水工程，窗边的木纹水泥板除了造型也有防潮功能，为屋主免除壁癌的烦恼。

PROJECT 7
活泼的色彩为儿童房增添活力

调整过后的两间儿童房面积一样，虽然整个空间不大，但运用系统橱柜的规划，收纳与功能具备。尤其是男孩房的蓝及女孩房的粉红主墙色彩，更为空间加分。

从 165 平方米挤进 80 平方米的大挑
不实际的狭小三房难使用

🏠 Home Data　屋型│新房／电梯大楼　面积│79.2 平方米　格局│2+1 房 2 厅 1 厨 2 卫

不动格局，用断舍离统整空间
镜面、长方桌协助放大空间感

建材│日本硅酸钙板、F1 板材、KD 木皮、超耐磨木地板、喷漆、ICI 涂料、玻璃
明镜、大金空调、LED 灯具、造型吊灯、进口壁纸、茶镜、系统橱柜

Before 屋况及屋主困扰

 房间小：虽有三房，但太过狭小且收纳功能不足

 琴室愿望：屋主平时需要练习古筝

 漏财：开放式厨房，开门见灶，有"漏财"的疑虑

展示工艺品：需要大量展示柜摆放收藏品

人生有很多阶段，有时必须再调整，让之后的旅程更顺畅。由于孩子都长大并出国求学，因此屋主由原本 165 平方米的大房搬入只有 80 平方米左右的 2 房空间，一方面方便清扫及管理，另一方面也能照顾居住在附近的长辈。虽然已"断舍离"很多东西，但仍有不少珍贵的收藏，都是屋主人生美好回忆的记录，特别是出国旅行时所采买的骨瓷杯盘、知名艺术家的画作，都让她爱不释手。

因多半一个人居住，只需孩子回家时能有空间暂住，设计师建议改为"2＋1"房，其中"＋1房"则做成架高木地板的琴室空间，底下还可以增加收纳功能，且通过玻璃弹性拉门设计，也让阳光得以进入室内，使公共空间更加明亮。由于空间小，除了必要的隔间墙外，区域的界定是运用天花设计及架高木地板来做视觉上的区隔，以虚拟方式定义客厅与餐厅、餐厅与客房、主卧的化妆区与寝室区等，同时也为小空间带来动线、光影及视觉层次的变化。

Before

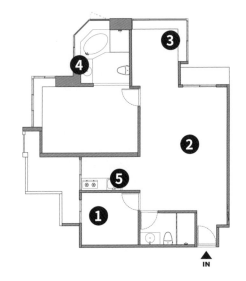

 现场问题

1. 原始 3 房令每个空间狭小局促

2. 客厅墙面短、两侧又有房间门和厨房门，找不到主墙

3. 畸零及凸窗很多，难以规划

4. 私密空间光线好，但公共区域采光面比较小

5. 一开门即见炉火，视觉不佳

设计策略总整理

1 种平面 → 提出不同餐厅配置的 2 种方案思考

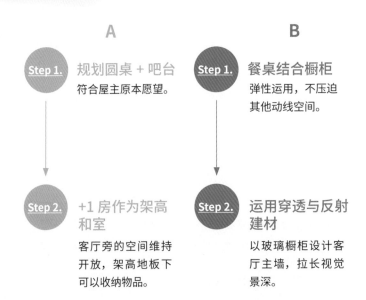

A

Step 1. 规划圆桌 + 吧台
符合屋主原本愿望。

Step 2. +1 房作为架高和室
客厅旁的空间维持开放，架高地板下可以收纳物品。

B

Step 1. 餐桌结合橱柜
弹性运用，不压迫其他动线空间。

Step 2. 运用穿透与反射建材
以玻璃橱柜设计客厅主墙，拉长视觉景深。

144

预算等级

★★★☆☆

缺 优 优

圆
桌
、
吧
台
压
迫
房
间
、
卫
浴
的
动
线

架
高
地
板
＋
沿
墙
面
整
合
收
纳
功
能
充
足

2
＋
1
房
及
开
放
式
设
计
，
光
线
通
风
良
好

规划吧台与餐具柜

避开进门见灶的视觉尴尬

❶ 玄关　墙面设计鞋柜及	❷ +1房　架高区是书房兼	❸ 餐厅　圆桌餐厅寓意团
收纳柜体	琴室，下设有收纳区	圆
❹ 厨房　入口加设吧台，	❺ 客厅　结合玻璃橱柜的	
以挡视线	电视主墙，延伸景深	

　　由于面积小，在规划了架高弹性书房兼琴室，并运用主卧与客厅墙面设计电视橱柜后，可以变化的格局就有限。A方案，主要是依屋主的要求，规划圆形桌象征团圆的意象，并在厨房入口处规划一吧台，以避免一进门即见炉灶的视觉尴尬。

　　客餐厅采用开放式设计，也避免遮到自然光源进入室内。在收纳功能方面，大量运用柜体与墙面整合，让视觉统一，收纳于无形。像是利用进门处的玄关串联客厅的大墙面设计收纳橱柜，以及利用餐厅主墙的餐橱柜及架高地板下的收纳功能。在展示功能方面，则运用玻璃橱窗设计，展示屋主收藏的骨瓷杯盘。另外，在卧室内规划大量的收纳橱柜，满足功能需求。

预算等级
★★★☆☆

优 2＋1 房及开放式设计

优 架高地板＋沿墙面整合收纳功能

优 可延伸长桌使餐厅使用更灵活

优 预算较省

IN

弹性长桌设计、反射性建材

保持空间宽敞与动线畅通

❶ 玄关 墙面设计鞋柜及收纳柜体	❷ +1 房 架高木地板的书房兼琴室	❸ 餐厅 可以延伸的长桌，平时不占空间
❹ 厨房 维持开放式设计，冰箱放在餐厅与客厅之间挡住视线	❺ 客厅 核心墙面以 M 形大木框收整房门、电视墙、厨房入口	❻ 浴室 改喷砂玻璃拉门

　　B 方案主要在于餐厨空间的调整，特别是餐厅建议挑选可活动加长的餐桌，以便有客人来访时能灵活应用。在开放式厨房用冰箱的遮蔽，修饰一进门见炉灶的视觉问题，不建议再设置吧台，以免压迫动线。顾及屋主对隐私的要求，因此将主卧卫浴的透明玻璃拉门改为半穿透式的喷砂玻璃。

　　面对面积有限的空间，除了减少不必要的隔屏设计外，更利用反射材质放大空间感，例如电视主墙、主卧床头及男孩房衣橱腰带等。另外，尽量挑选或设计可弹性使用的家具，让空间使用功能更灵活。

B 提案完工

在预算差异不大的情况下，面对面积有限的空间，除了减少不必要隔屏设计外，更利用反射材质放大空间感，例如电视主墙、主卧床头及男孩房衣橱腰带等。另外，尽量挑选或设计可弹性使用的家具，例如可拉长的餐桌、架高木地板兼收纳等等，让空间使用功能更灵活。

PROJECT 2

天花板造型收整电路并界定区域

通过天花设计及架高地板界定公共空间的各个区域，一入门到餐厅都是较低的高度，到客厅则上升高度，使视觉因高度差异而产生"变高"的感觉。

PROJECT 1

橱柜量体也可以利用把手变化视觉

一进玄关运用墙面设计整面柜体，满足屋主的收纳需求，并利用沟隙把手设计，使柜体立面线条简洁，也统一了视觉。

PROJECT 3

用反射性建材与橱柜、梁柱共构

将电视柜改至与主卧墙面共构，并设计大量柜体及反射材质放大空间感，一方面修饰梁柱问题，另一方面满足收纳功能。采用弹性多元家具与架高地板辅助，延伸更多空间感。

PROJECT 5

弹性空间结合收纳

架高木地板的弹性空间，除了下方可以收纳更是屋主最爱的书房以及练习古筝的琴室梯的第一阶做得特别宽，让人感觉舒服。

PROJECT 4

以不同白色为空间基底

整个空间以白色为基础，大地色为辅助，增添温润氛围，并搭配意大利 Natuzzi 沙发、茶几以及屋主喜欢的安迪 · 沃荷画作，打造出充满人文艺术气息的休闲居住空间。

PROJECT 6
床头柜将床往外推出梁下
主卧床头有梁柱压迫问题，因此运用造型天花及床头收纳柜体设计，修饰掉梁柱。

PROJECT 7
立体凹凸的天花造型修饰压梁
主卧的天花运用琴键意象，以一阶一阶的方式修饰梁，并使空间有了变化。玻璃拉门后方为五星级的豪华卫浴设备。

PROJECT 8
以水平线尽量扩张空间视觉
运用色彩营造男孩房的氛围，而衣柜腰带的镜面反射能加大空间感。

现场解救

狭长形格局、光线差又陈旧
无法满足一家四口的需求

🏠 Home Data　屋型｜旧房／公寓　面积｜85.8平方米　格局｜3房2厅1厨1卫

只动小墙面、改变设备放置方向
格局完美变身时尚美屋

建材｜半抛光石英砖、木纹砖、日本硅酸钙板、F1板材、文化石、马赛克砖、超耐磨木地板、艺术雕刻板、环保系统柜、KD木板、ICI涂料、喷漆、大金空调、TOTO卫浴设备、樱花厨具、正新气密窗、窗帘、壁纸

苦恼 **狭长屋：**大门由阳台进来，只有前后光线

苦恼 **无光线区段：**餐厅无对外窗，厨房又位于中央

苦恼 **收纳：**孩子们都已就业，收纳要充足

苦恼 **泡汤愿望：**浴室狭小难使用

　　屋主开餐厅 30 多年，基于地点、价格等考虑买下了在工作地点附近的房子，虽然只是旧房，却也是一件值得庆祝的事。这间超过 30 年以上的狭长公寓老屋，光线及通风都不好，再加上有严重的壁癌及漏水问题，且餐厅为无对外窗的暗房，厨房小又位于中央，每次做菜时，全屋容易弥漫着烟味，令身为专业厨师的屋主难以忍受。

　　从风格不统一、内部陈旧、房间数，全家都无法达成共识，是常见的家庭装修困扰。屋主是好爸爸，也十分尊重成年女儿的想法，但希望在不大动格局下设计出满意的家。首先将主要预算放在基础工程，例如管线重拉或处理壁癌、漏水等，才能确保未来 20 年的居住安全及舒适，接下来才思考格局规划问题。由于是长形屋，中间还有一个天井，因此格局并不十分方正，有不少畸零空间待解决。在多次讨论一步一步引导屋主家人达成共识后，再提出二个客厅方位 180° 不同的方案，让屋主全家从设计、材料、尺寸、施工图及过程都能掌握。

现场问题

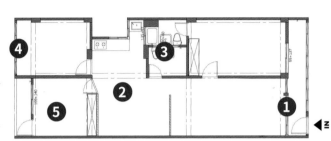

1. 只有前后有光线，光线通风不佳
2. 厨房及餐厅采用开放式，料理时油烟容易弥漫
3. 卫浴过小、使用不便，为暗房不通风
4. 壁癌及漏水严重，急需解决，多处瓷砖已剥落
5. 大女儿房间过小，入口是斜的且收纳量不足

设计师策略总整理

1 种平面 ➡ 提出客厅不同、微调卫浴的 2 种方案

A

Step 1. 女儿房门换边
大女儿房间扩大，两间女儿房，房门改成相对。

⬇

Step 2. 客厅维持原位
阳台当作内玄关设计，进到客厅感受顺畅。

B

Step 1. 客厅 180°换方向
几乎不动格局，较有隐私感。

⬇

Step 2. 更改卫浴
将天井区扩张，变成有光的淋浴区。

改善
方案 **A**

预算等级
★★★☆☆

缺 优 优 优 优

卫浴的光线通风仍不足

餐厅容纳人数较多，各自使用不影响

大女儿有独立洗衣间，

半开放式厨房用拉门防止油烟

仅动大女儿房及卫浴，格局更改最少

卫浴二合一、女儿房门换边开
厨房变身 L 形大空间

❶ 前阳台 玄关末端设置全家人洗衣间	❷ 客厅 沙发面对大门入口，家人进出动线清晰	❸ 卫浴 二间合并变大，与厨房间有间接光	❹ 餐厅 用拉门区隔厨房与餐厅，防止油烟乱窜
❺ 大女儿房 拥有独立洗衣间	❻ 视听机柜 机柜与屏风整合并界定空间	❼ 拆改房门 房门转 90° 厨房变身 L 形	

长形屋的问题在于纵向很深，横向却不足，尤其客厅宽度不到 400 厘米，十分狭窄，因此以壁挂式电视取代传统的电视柜，并拆除客餐厅的隔间，改以天花板造型与镂空的半腰柜屏风代替。将客厅主墙以木作修饰，并将电机柜配置在屏风旁与半腰柜整合，同时也修饰梁下空间，如此一来可增加公共区域的开阔感，在动线上也较为流畅。定位完客厅后，将餐厅往外移，便可加大大女儿房的空间。

同时运用弹性玻璃拉门设计，将厨房的油烟锁住，但又不影响从天井来的光线。原本两间卫浴合并成一间，干湿分离外，设置泡汤区、淋浴区等，使格局变得方正。而主卧则将床头改为贴近客厅沙发背墙，避免压梁问题。同时二女儿房改房门，运用系统橱柜将功能做足，大女儿房加大后，将入口改至靠近餐厅处，她因工作关系怕影响家人作息，独立的后阳台工作区就能解决这个问题。

预算等级
★★★☆☆

缺 　　　优 　　　优 　　　优

卫浴餐厅的光线通风仍不足 　　浴室台面加大像五星级饭店 　　密闭式厨房，防止油烟 　　改动大女儿房及卫浴，有窗也有洗衣间

客厅180°换位，沙发与大门同边
加大女儿房、卫浴有对外窗

❶ 洗衣间　大女儿及公共的洗衣间，各自独立	❷ 客厅　沙发背对大门入口，动线转折较多	❸ 卫浴　二间合并为一间加大使用功能，邻近天井更明亮
❹ 厨房　拉门密闭厨房，以防止油烟乱窜	❺ 改房门　两间女儿房门改成相对	❻ 空间层次　运用屏风收纳柜界定客餐厅空间

　　B方案的规划跟A方案差异不大，只是将客厅电视墙对调180°，变成沙发背对大门入口，必须加做一道隔屏遮挡沙发，让动线必须转折到玄关阳台才进客厅。根据这样的调整，为避免客厅电视墙的主机柜体影响睡眠品质，因此主卧的床头则改至另一侧，衣柜及化妆台统整在主卧进门区，形成L形搭配。

　　客餐厅之间用上半屏风下半是收纳柜体的设计区隔，卫浴由2间拼成1间外，更将原本厨房的畸零空间拼入，设计成淋浴间，并有独立对外窗，改善卫浴的通风及光线。厨房则改为密闭式空间。至于2间女儿房格局改动差异性不大，唯二女儿间的床头做调整，对应的家具配置也有所变动。

After A 提案完工

　　由于屋主喜欢第一眼看能到家人回家的感觉，再加上女屋主及女儿们喜欢半开放厨房及餐厅，因此选择 A 方案。整排的电视机柜在狭长空间反而不实用，因此将客厅主墙以木作及系统柜做结合，并将机柜配置在屏风旁整合，同时也修饰梁下空间，如此一来可增加整体公共区域的开阔感，在动线上也较为流畅。定位完客厅后，将餐厅外移，便可加大大女儿房空间，同时运用弹性玻璃拉门设计，将厨房的油烟锁住，但又不影响从天井来的光线。

PROJECT 1
铝门窗改为大片玻璃景观窗，增加光线

拆除老旧的铝窗，换上大面的反射玻璃景观窗，增加室内光线。地板砖的选择以较为沉稳的色系为主，并利用一字形前阳台的特性，规划了一个长吊柜鞋柜，充足的收纳量满足一家四口的需求。

PROJECT 2
木色及隐藏门片营造宽敞空间视觉

由于空间是狭长形，横向距离不足，因此运用木色系及灰、白，营造出空间的现代简约风格。整排的电视机柜在这个空间反而不实用，因此将客厅主墙以木作及系统柜做结合，并将机柜配置在屏风旁，除了增加整体公共区域的开阔感，在动线上也较为流畅。

PROJECT 3

白色窗棂屏风作为空间分界

拆除客餐厅的隔间，用天花板造型与镂空的旋转屏风代替，也修饰天花上方的大梁柱体。再加上屋主喜欢禅风，搭配中式窗棂改良的白色线条屏风，既不影响采光通风，也界定区域，通过屏风的角度变化，为空间带来不同光影表情及视觉效果。

PROJECT 4

神明龛位与橱柜结合

屋主有拜神明的习俗，因此在餐厅橱柜上方处设计玻璃橱窗放置神明主位，像是家中艺术品一般。

PROJECT 5
文化石餐厅主墙营造氛围

餐厅运用造型天花及文化石主墙，搭配实木餐桌椅，营造出女儿们想要的欧式餐厨的氛围。造型吊灯及投射筒灯的搭配，强化原本光线不足的餐厅照明。

PROJECT 6
一体延伸的功能与柜体组合

大女儿房，以大地色系为主调，除打造典雅柔美氛围外，从床头延伸的木平台面一路串联窗边卧榻、书桌、电视平台等，为空间创造最大的使用功能。

PROJECT 7
饭店级卫浴空间

原本小而局促的两间主客浴，索性打通规划成一间设备完善的饭店级卫浴空间，除了干湿分离外，更有泡澡区、淋浴间，并透过间接玻璃窗，从厨房的天井窗间接引光线入室。

仅有两面采光的方形基地
办公室变身住宅的大挑战

🏠 **Home Data** 　屋型│旧房／电梯大楼　面积│214.5 平方米　格局│6 房 2 厅 3 卫 1 厨房 1 中岛[

改变入口方向、以家族成员联系思考隔间配置
光线、通风焕然一新

建材│抛光石英砖、大理石、日本丽仕硅酸钙板、F1 板材、E0 健康系统橱柜、线板、
水晶灯、LED 灯、ICI 涂料、壁布、玻璃、窗帘、壁纸、实木地板、宝石墙

苦恼 **光线不佳**：入口在房子中段，客厅区离光线远。

苦恼 **卫浴不够**：只有一套卫浴，不够全家族来小住使用

苦恼 **动线重建**：需规划麻将间、大厨房、餐厅，还要避免产生走道。

苦恼 **娱乐区**：给孩子的游戏空间、谈心吧台、健身区。

这个大家族原本所有人居住在同栋楼，但第三代年轻的屋主要结婚时，原本的屋子已不够居住，因此屋主的父亲便买下附近的单层办公空间，改装成新房使用。不过，要把商办改为住宅空间，无论是隔间或水电都明显不合使用。

不只整体格局及动线必须重新规划，水电等硬体设备也要先铺陈完善，以便于日后居住。在空间规划方面，受限于大门入口动线安排，因此将公共区域安排在中央，将客、餐厅及厨房采用开放式设计，然后将私密空间规划在窗边。

年轻屋主虽然希望营造出明快且大气的现代风格，但顾及自己的奶奶、父母及妹妹会临时过来居住或是聚会、打麻将，也依奶奶要求，放置圆形餐桌象征圆满的意象，再规划未来孩子的游戏房，以及屋主的个人工作室，是需求条件很多的个案。

现场问题

1. 梯间动线奇怪
2. 商办隔间不符合居住需求
3. 只有一套卫浴不够用
4. 没有厨房

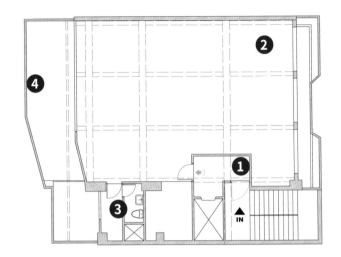

设计师策略
总整理

1 种平面 ➔ 左、右 2 种不同进入室内的动线方案

A

Step 1. 客厅依据入口定位

客厅落在左半边，后方足以安排大收纳橱柜。

Step 2. 中段全部采用开放设计

让前后光线支援中段公共区域，维持良好通风

B

Step 1. 入口改从右侧进入

客厅靠近右半边，麻将间未来可改为儿童游戏室。

Step 2. 橱柜担任隐私任务

把橱柜分成两座，刚好遮挡浴室与工作室的入口

改善方案 **A**

预算等级
★★★★☆

优 客厅串联餐厅及厨房，光线通风佳

优 麻将兼起居间，未来空间切割弹性大

优 公私动线串联直接

缺 四房大小一致，像是住宿舍

缺 没有儿童游戏区

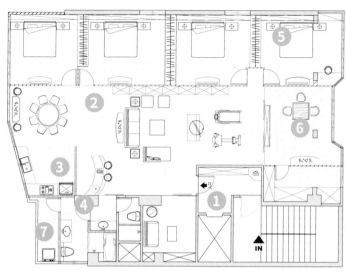

电梯出来向左走，直视公共区域
四房均等分配，符合需求

❶ 玄关 门口玄关向左	❷ 客厅 位居中段，后面为大量橱柜	❸ 厨房 用吧台屏风避免直视炉灶	❹ 卫浴 以原始卫浴与管道间为范围，改出2套
❺ 房间 规划四间大小一样的房间	❻ 麻将间 用玻璃拉门规划麻将区，保持光线	❼ 洗衣 增设工作阳台区，由卫浴进出	

　　由于一层一户，从电梯出来便是玄关，A方案是依照原本从电梯进入商办的动线规划，因此从玄关一进入室内就是宽敞的客厅及吧台，吧台后方才是开放的餐厅及厨房，而开放式的客餐厅及厨房设计，令视野通透，且光线通风良好。客厅的另一侧则规划屋主想要的健身空间，并运用玻璃拉门及木地板界定麻将间兼起居间，未来可以更改为孩子的游戏间。

　　沙发背墙则规划大量橱柜做收纳，更串联四个同等大小的房间入口，由于实际居住人口不多，因此规划2套卫浴设备就符合使用需求。而梯间旁的小空间，则规划为屋主个人工作室兼起居间，必要时可以在此招待客人完成交易。

缺　优　优　优
预　收　麻　客
算　纳　将　厅
较　量　间　主
高　比　与　墙
　　Ａ　儿　更
　　方　童　大
　　案　游　气
　　较　戏　，
　　多　间　商
　　　　可　务
　　　　独　区
　　　　立　独
　　　　或　立
　　　　连　不
　　　　接　被
　　　　　　干
　　　　　　扰

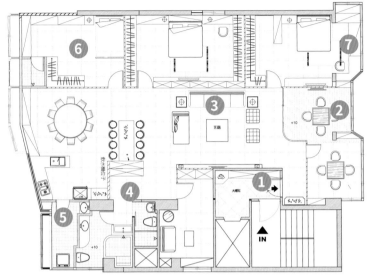

电梯出来向右走，转折动线营造趣味

调整房间结构，形塑个人风格

❶ 玄关　从电梯出来改向右侧进入室内	❷ 游戏区　麻将间临近儿童游戏间，能相互支援	❸ 客厅　向右平移并拉长电视墙，大气宽敞	❹ 卫浴　以屏风修饰卫浴门口的视觉尴尬
❺ 阳台　改由厨房进出工作阳台，使用更便利	❻ 房间　依需求调整四间房间配比，更具特色	❼ 主卧　增设卧榻阅读区，收藏屋主的漫画	

　　B方案的动线比较像是有变化的曲球，从电梯出来向右走，转个弯再进入空间，视觉效果让人产生期待。进入公共空间之前，会先看到以玻璃拉门设置的麻将间，旁边为独立的儿童游戏间，彼此可以互相照应。运用宝石雕刻铺陈的客厅电视主墙为玄关柜体背面，营造大气感。整个公共区域一样是开放式设计，包括屋主的健身设备区域及吧台区，并运用屏风界定2套卫浴空间的动线。吧台后方为开放式的餐厅及厨房，L形中岛设置让上菜时有转圆空间。

　　沙发背墙规划四间房，并依需求由右至左分别为主卧、老人房、客房及儿童房，其中儿童房设置半套卫浴，方便未来使用，而主卧增设卧榻阅读区，收藏屋主的漫画。隐身在电视主墙后方的屋主商务区更为独立，不受环境影响。

B 提案完工

B方案的动线从电梯出来向右走，转个弯再进入公共空间的视觉效果让人产生期待感，不只满足全家族可以来此相聚的需求，而且电视墙面变得大气感十足，位于后方屋主的工作室，也比较有隐秘性。

PROJECT 1

玄关当作艺廊设计

玄关运用大理石地坪，搭配墙上的宝石雕刻艺术品及镜面反射，营造出低调奢华时尚风格。

PROJECT 2

开放式公共区域让光线能多点进来

公共空间的穿透性隔间，让光线得以延伸，开放式的设计也让空间变得更宽阔。

PROJECT 3

吧台身兼品酒与遮蔽双重功能

吧台屏风遮蔽进出卫浴的视觉尴尬，同时透过
局部造型天花加照明，营造出吧台专业品酒氛
围。而橱柜的镜面反射，有放大空间感。
开放式的餐厨设计，并用中岛吧台界定空间区
域，而圆桌的要求有圆满的意象。

PROJECT 4

娱乐室 + 儿童游戏室

位在大门一进来的区域，既独立又可彼此支援
的儿童游戏间及麻将间，通过玻璃拉门让光线
可以相互穿透。

PROJECT 5

以卧榻连接梳妆台设计

主卧除运用卧榻设计避开天花的压迫感外，也营造出一处阅读及休憩空间。卧榻形成的书架，陈
列的是屋主珍藏的成套漫画，伴随他走过年少岁月。

PROJECT 6

以梳妆台避开梁压床的结构问题

运用浅粉色系营造老人房的暖色调，并运用环保系统橱柜增加收纳功能，化妆台与床头的组合与造型天花相呼应，床位安排必须巧妙地避过梁下。

PROJECT 7

洗手台外移的浴室

改造后的浴室，如同休闲度假胜地，洗手台搬到外面，人多也好使用，里面光线极好，浴池以马赛克打造而成，泡在其中就是人生一大美事。

四房格局零碎、大门偏前段 1/3
造成电视主墙短、光线通风不佳

🏠 **Home Data** **屋型**│旧房／电梯大楼 **面积**│118.8 平方米 **格局**│3 房 2 厅 1 厨 2 卫

主墙左转 90°、一房改拉门
老家变身绿意盎然的简约质感宅

建材│抛光石英砖、木纹砖、日本硅酸钙板、F1 板材、大理石、玻璃、茶镜、实木皮、壁纸、
环保系统橱柜、ICI 涂料、马赛克、KD 超耐磨木地板、文化石、铁件、大金空调、
LED 灯具、进口厨具、TOTO 卫浴设备、窗帘

苦恼 **空间狭窄:** 虽有四房二厅、储藏室、厨房,空间狭小难使用

苦恼 **无对外窗:** 浴室阴暗、潮湿

苦恼 **高度不足:** 客厅墙面太短,梁下只有226厘米

苦恼 **房间暗:** 后段房间都偏阴暗,走道也一样

　　这是一个横梁很多、梁下高度还不到226厘米的住宅,虽然面积不小,但受限于大门开口正好在客厅电视墙的居中处,一进门左侧又有一根梁,使得客厅宽度不够,让人一进门感觉空间十分狭小,且光线不佳,加上四个房间与储藏室,显得压迫感很强;更不用提这种有电梯的大楼,大门开在偏前段1/3处,造成电视墙很短的缺陷,厨房封闭、中间还夹着狭长的走道串联等问题。

　　由于屋主夫妻两人长年旅居国外,在此居住人数并不多,所以决定将4房改为3房。屋主讲究生活品位,喜欢阳台及开放式的大厨房设计,所以将餐厅、厨房规划成开放式设计。以及将主卧空间加大,除拥有独立的更衣室外,更将主卧卫浴空间变大,满足屋主要有双脸盆及泡澡空间等需求,成为设计的重点之一,例如干湿分离设计,并有独立淋浴间及泡澡浴缸区,让在家洗澡成为享受。

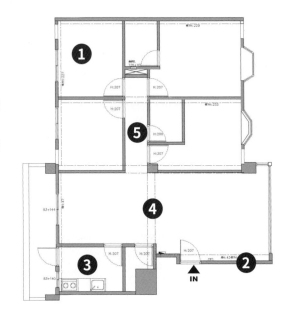

 现场问题

1. 118.8 平方米却有 4 房 2 厅 2 卫 1 储藏，使得每个空间都太狭小
2. 客厅电视主墙太小，动线及功能使用不便
3. 密闭式厨房与餐厅互动少
4. 梁下横柱多且大，挑高仅 226 厘米，压迫感十足
5. 走道过长，光线不佳

设计策略总整理

1 种平面➜ 规划大动格局与微调格局 2 种方案

A

Step 1. 大动卫浴
卫浴由右移到左，大台面、大空间还有光线的沐浴升级。

Step 2. 拆除厨房墙面
变身中岛餐厨房 + 大餐柜。

B

Step 1. 客厅转 90°微调格局
保留原本外推空间变成绿化，鞋柜就能沿门边设计。

Step 2. 拆两道墙
一房变拉门，厨房变开放式。

改善
方案
A

预算等级
★★★★★

缺 缺 优 优

门口大型衣帽间修饰畸零且满足收纳需求

浴室搬动，主卧光线通风及功能改善

其中一间客房动线较转折

预算较高

厨房拆墙 + 两间卫浴往左平移

换得纵向与横向的动线宽敞明亮

❶ 动线 将入口大门与走廊规划在同一轴线上	**❷ 客餐厅** 采用开放式设计，改善通风光线	**❸ 厨房** 设计成开放式，以中岛界定餐厨空间
❹ 玄关 入口畸零空间设计衣帽间阻挡视线	**❺ 卧室** 两间房合并为一间大主卧，减短走道	**❻ 卫浴** 全部往左平移，让右侧房间内部方正

　　A方案是顺着原始格局安排客厅，再尽可能地将贯穿空间的轴线，从大门至走道沿着天花大梁拉在一起，让空间的纵向及横向动线清楚。横向的公共空间，则将所有隔间去除，客厅、餐厅及厨房均采用开放式设计，让视野通透，且光线可以从前后两侧进入室内，也让原本光线不好的客厅及餐厅变得较为明亮，动线也变得更为宽敞。而大门入口处的畸零空间则规划出一间鞋柜衣帽间兼储藏室，满足功能需求。

　　在拆除多余的隔间，并调整空间比例后，所释放出来的动线变得更为宽敞舒适。将原本4房改为3房，其中后端的主卧卫浴位移至窗边，兼顾通风及光线，剩下面积合并成大主卧室，其他2间则设计为客房。

改善方案 B

预算等级
★★★☆☆

优 客厅转向退让出阳台，且客厅深度够

优 开放式餐厨设计，通风采光动线兼顾

优 沿墙面整合柜体，使用充足且更简洁

缺 两间卫浴均为暗室，必须强制通风

缺 长走道串联私密空间，必须补强照明

客厅转向 90°、只拆两道墙

带来绿化、鞋柜与中岛开放式餐厨区

❶ 客厅 电视墙转向 90°，保留室内阳台	❷ 玄关 穿鞋椅及鞋柜延伸至阳台	❸ 储藏与机房 利用入口大梁整合储藏及电器柜	❹ 厨房 开放式餐厨设计，以中岛界定空间
❺ 沙发后 大量茶镜处理墙面与梁柱，放大空间感	❻ 主卧 两间房并成一间拥有更衣间的大主卧	❼ 书房 变拉门，光线可以交互援引	

　　B方案则运用退让的方式，让空间看起来更宽敞，功能更充裕。首先是一进门的玄关，利用一块嵌入柜体的木作椅延伸至阳台，并将原本的电视主墙，以半开放式大理石隔屏改向 90°，格局改变后延伸出新的玄关收纳与小阳台造景空间。打掉厨房的隔间，让原本拥挤的厨房与餐厅成为一个整体开放空间，从后阳台通风口与窗户透入的光线，也让原本采光不好的两个区块变得较为明亮，而围绕着中岛的动线更让厨房使用更方便。在餐厅及走道部分，则运用大量茶镜处理墙面与梁柱，利用景象与光线的反射效果创造氛围。主卧则将原本旁边的小卧室隔间拆除后，将空间分配给客厅与主卧。

B 提案完工

屋主选择 B 方案是看上有阳台及独立书房的规划，尤其是退缩阳台空间及主卧空间，把绿意及阳光迎进室内，不但家的视觉变得更宽敞，也更有氛围。除了客厅空间放大，主卧室也多了更衣室的规划。另外二房则规划为客房及书房使用。

PROJECT 1

半开放式客餐厅设计，光线通风视野佳

将客厅电视墙转向 90°后，整个公共空间运用低矮屏风及高低柜界定空间，更让视野得以彼此穿透，使空间更显宽阔多变。

PROJECT 3

室内绿意提升空间舒适感

以电视主墙隔出一小块休憩区，将绿意带入居家空间的小阳台，是男屋主的最爱。电视墙后方露出的绿意，随着时间会因为盆栽生长产生不同的视觉效果。

PROJECT 2

镜面处理壁面及梁柱，放大空间感

餐厅与书房的隔间以大面切割镜面处理，搭配客厅及餐厅之间的梁柱以茶镜包覆，利用景象与光线的反射效果创造氛围。

PROJECT 4

拆除厨房墙，产生中岛面积

运用白色厨具柜体搭配绿色的马赛克设计简洁明亮的厨房，并用有质感有品位的把手配件呈现出现代简约的线条切割，而中岛吧台的设计既区隔又连贯厨房与餐厅。

PROJECT 5

开放式中岛厨房设计，营造明亮的用餐环境

考虑屋主喜欢轻饮食的居住习惯，不会有太多油烟，因此拆除厨房的隔间，让原本拥挤的厨房与餐厅成为一个整体开放空间，并从后阳台通风门与窗户引进光线，也让这两个区域变得较为明亮。

PROJECT 6

弹性书房＋玻璃隔间，功能光线兼顾

书房以玻璃隔间规划，并运用许多活动式设计，让书房可以适应各种使用需求，更具弹性。

PROJECT 7

主卧休息区及更衣间规划

将主卧旁的小卧室隔间拆除后，将空间分配给客厅与主卧。主卧室电视墙后方也多了更衣室的规划，并以系统柜配置大量的衣物收纳空间。保留原本的八角窗规划成卧榻设计，成为女屋主最爱的阅读休息区。

PROJECT 9

饭店级卫浴空间

主卧浴室将近卧室空间的三分之一，是此方案设计重点之一，大理石洗手台符合长年旅居国外的夫妻两人的生活习惯，也便于清洁，淋浴间干湿分离，兼具泡澡功能。

PROJECT 8

半通透的主卧卫浴

由于主卧卫浴为暗房，考虑其通风采光问题，将隔间以玻璃改为半开放式设计，让光影可以进入，同时也能让上了年纪的夫妻可以留意另一半洗澡时的情况。

大量木作与造型压迫空间
隐藏壁癌与室内病潜在原因

🏠 Home Data　屋型｜旧房／电梯大楼　面积｜148.5 平方米　格局｜4 ＋ 1 房 2 厅 1 厨 2 卫

重建格局、调整卫浴功能与门口
释放光线与通风，营造明亮的安静生活

建材｜日本丽仕硅酸钙板、F1 板材、E0 健康系统橱柜、立邦漆、LED 灯、彩绘玻璃、
　　　窗纸、窗帘、正新气密窗、国堡门、大金空调、TOTO 卫浴设备、樱花厨具、
　　　实木地板

Before 屋况及屋主困扰

 畸零空间： 过多木作把空间切得七零八落

 室内昏暗： 光线通风差，老人时常生病

 双书房： 希望维持四房格局，再安排一间书房

 浴室霉味： 潮湿发霉对老人家非常危险

位于市中心且30多年屋龄的老房子，是屋主一家的第一套住宅，早期曾装潢过，但过多的木作造成昏暗与空间压迫，特别是修饰梁柱的奇怪天花造型，导致通风光线不良，让屋主夫妇总是生病或发生呼吸道过敏的情况。

在整体检视后，发现房子柱体少、墙面整齐，光线条件也很优秀，只是被过多木作装修掩盖，使得一进门右边的厨房、餐厅位置十分尴尬，两间密闭的卫浴空间，功能不足、湿气无法散去，容易影响身体健康，还加上严重的外墙龟裂、壁癌、管线不符合安规、电源不足等等，都是急需解决的基础工程问题。

因此我们主张去除所有不必要的装潢，保留原本的格局结构，利用小幅度改变将公私区域界定清楚，然后再依家中每个人的需求，把柜体及功能做整合，而基础工程要先处理电压过大、去除壁癌及漏水、解决卫浴功能做好干湿分离等问题，并利用归纳手法，皆以系统柜、绿建材、环保漆为主，保持清爽又健康的好空气品质。

Before

 现场问题

1. 玄关太短导致收纳功能不足

2. 厨房太过封闭，又小又不好使用

3. 过多木作装饰使得空气不流通，光线不佳

4. 卫浴水电管线外露，且没有干湿分离，十分危险

5. 房间内有许多奇怪的天花设计，十分压迫

6. 4 个房间门对门，易生口角

设计师策略总整理

1 种平面 ➜ 餐厅、卫浴不同配置的 2 个提案

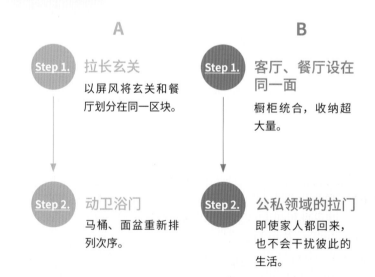

A	B
Step 1. 拉长玄关 以屏风将玄关和餐厅划分在同一区块。	**Step 1.** 客厅、餐厅设在同一面 橱柜统合，收纳超大量。
Step 2. 动卫浴门 马桶、面盆重新排列次序。	**Step 2.** 公私领域的拉门 即使家人都回来，也不会干扰彼此的生活。

改善方案 **A**

预算等级
★ ★ ★ ☆ ☆

缺 优 优 优

厨房餐厅收纳量仍不足

卫浴安装四合一设备，保持空间干燥

公共空间开放式设计，光线通风良好

加大玄关，满足一进门的收纳功能

小动房间与卫浴门、客厅 180°换边
加强对流与功能

❶ 玄关 屏风与餐厅收 齐，拉长门口收纳容量	❷ 厨房 冰箱与高柜之间 设计拉门	❸ 客厅 电视墙 180°换 边，沙发面向内走道
❹ 阳台 两扇落地玻璃拉 门区隔出书房	❺ 房间 改房门，解决私 动线会撞在一起的现象	❻ 浴室 改设拉门，马桶 平移，让出空间装设淋 浴间＋长形台面

　　A方案的重点在于维持之前的惯性空间配置做规划，屋主适应起来比较快，重点放在强化每个区域的使用功能。例如沿着墙面将所有收纳柜体整并，并运用屏风加大玄关区域，也让公共空间视觉通透，却又不影响光线通风，避开穿堂风问题，同时运用拉门将厨房及餐厅规划在一区，便于使用。将外推阳台的书房落地铝门窗由四片改为二片，使光线更易进入室内。

　　客厅沙发面向走道，卫浴隐藏门设计，让视觉统一。四间房间依其需求规划橱柜收纳，特别是窗边设计矮柜及书柜，避免遮住自然光线，也因此将梁柱修齐，解决压梁问题，释放挑高天花，让空间看起来更宽敞。

改善方案 **B**

预算等级
★★★☆☆

缺
况相互独立不干扰
餐厅离厨房比较远

优
公私区域之间以「拉门」区隔，可视情

优
电视柜与玄关柜、餐橱柜串联收纳加倍

优
玄关与厨房同一区域、且材质好清理

客、餐厅对角安排，换出区隔私密拉门

收纳橱柜容量增加一倍

❶ 餐厅　规划在屏风后方	❷ 玄关　与厨房同一地材区域，便于使用清洁	❸ 客厅　主墙转向 180°，串联玄关柜与餐橱柜
❹ 公私区域　有空间可以设拉门区隔	❺ 浴室　移面盆，让浴室变宽敞	

　　客、餐厅对调后，公共空间更显宽敞而舒适。而客厅沙发后面背墙则通过线条立体造型，消弭传统墙面的刻板，同时也隐藏通往私密空间的开口，在必要时可将公私区域各自独立，互不影响。同时，将玄关及厨房规划在同一区域，以便未来好清理。而客厅转向 180°后，从入口的玄关鞋柜一路串联至餐厅的餐橱柜及电视柜，将功能统整在一个墙面上，不但收纳量倍增，也统一视觉。

　　而书房里的书柜与书桌结合，不但符合屋主要求的可两人使用的功能，更具多元性。整个空间不会被既有的制式风格限制住，依屋主的态度、精神及性格，规划出属于独一无二的无毒居住宅。

B方案与A方案差异不大，只不过由于原始屋况的餐厅区域，动线十分奇怪，所有对外窗被装潢包覆得密不透风，所以将餐厅规划在玄关屏风之后，并依着主墙立面安排柜体，凭借实木餐桌的品质，规划出流畅动线及宁静舒适的用餐意象。

PROJECT 1
柜体统整在一个面上

开放式客餐厅中，将系统橱柜设计安排在同一墙面，让收纳柜体整齐。客厅及阳台书房改为两扇大片落地玻璃，搭配纱帘，使自然光线能进入客厅，改变昏暗的印象。

PROJECT 2
彩绘玻璃屏风将走道装点艺术感

透过玻璃彩绘屏风，玄关不暗，且悬吊式鞋柜设计，不压迫且满足功能；鞋柜中段做抽屉，钥匙发票都有地方放。

PROJECT 3
分界公私领域的拉门

沙发背墙的线板拉门设计，是通往私密空间的入口，必要时关闭，让公私区域彼此独立不干扰。

PROJECT 4

挖空的区块让橱柜产生变化性

运用环保建材系统打造餐橱柜及电视柜体，并通过茶镜及玻璃反射，放大空间视觉感。

PROJECT 5

直通无碍的动线

玄关旁即为厨房，并通过拉门设计，可阻碍油烟进入室内，且沿墙面的柜体设计，满足居家功能。

PROJECT 6

卧室改门向，室内更顺畅

藕紫色的女儿房，除增添浪漫风格外，依窗设计书桌及卧榻，成为主人最爱的区域。运用系统橱柜整合整个收纳柜体，让空间功能更具弹性，也将梁柱幻化为无形。

改门向的卫浴更宽敞

将所有管线埋入墙内后，规划出浴柜及 SPA 淋浴间，在家也有五星级卫浴享受，干湿分离保持浴室安全健康。

PROJECT **8**

睡眠区避开梁下

在小女儿房间运用床边矮柜设计，区隔出睡眠区及阅读区。

PROJECT **9**

双人可用的书房

书房里的书柜与书桌结合，不但符合屋主要求的可供两人使用，而且更具多元性。